彼得‧亞當斯(Peter Adams) 著

香港順勢療法醫學會 譯

順勢療法：

可靠的科學

新科學如何確認順勢療法

Homeopathy:
Good Science
How New Science Validates Homeopathy

至善者毫無信心，而至惡者
卻躁動不止。

葉芝（W B Yeats），《基督再臨》(The Second Coming)

我們需要力量，可超越
我們的懷疑和確定；
在懷疑中給我們勇氣，
在肯定中，給我們謙虛。

彼得·亞當斯，《自我調整》(Selfsizing)

約翰·巴羅（John Barrow）曾經說過，在科學界看來，任何新思想都要經歷三個階段。第一階段：這是一堆狗屎，我們不想聽。第二階段：這沒有錯，但肯定沒有任何實在意義。第三階段：這是有史以來最偉大的發現，我們是第一個發現它的。

喬·馬蓋霍（Joao Magueijo），《比光速還快》(*Faster Than The Speed of Light*)，Arrow Books，倫敦（2004），p.256

約翰·巴羅是劍橋大學數學科學研究教授，也是一位著名的科學作家。他是悖論的首次提出者，悖論指的是，越接近現實的描述，就越難理解。

一些順勢療法藥物是由有毒物質製成的。不應食用這些物質。所有的藥物都應該在合資格的醫生建議下服用。

本書中提供的任何資料均不作為醫療建議，任何人有需要醫療關注的情況，應諮詢合資格的醫生。

前言

　　法國諾貝爾得獎者呂克・蒙塔尼（Luc Montagnier）近日移居至中國繼續他的順勢療法研究，他說：「高度稀釋並不是甚麼東西都沒有。」他的研究已經顯示出，各種高度稀釋的順勢療法療劑確實具有效能。

　　世界上有 450,000,000 人使用順勢療法，而且已經體驗過這些效能，他們知道順勢療法療劑具有何等威力，越來越多關於順勢療法的科學實驗也能證實這些人的經驗。

　　順勢療法之所以具有爭議性，是由於它的作用機理尚未被完全理解，然而當中的部分原則已被知悉。新科學研究正在開始說明，高度稀釋的藥物是如何影響我們的生物系統，以及如何治癒疾病。有關順勢療法的科學證據經已存在，一種符合科學的解釋正在嶄露，順勢療法是醫學上的一個新領域，而這書正要向公眾揭示順勢療法的科學。

彼得・亞當斯（Peter Adams）
MA Oxon, LCH, RSHom

序一

彼得．費沙醫生（Dr. Peter Fisher）（1950 ～ 2018）

　　在順勢療法200年來的歷史中，它一直是備受爭議的主題，甚至有時會受到猛烈攻擊。因為它是異常的，無法輕易融合現今的科學見解。科學的使命是要闡明我們周遭的事物，而新的科學理念通常是經由觀察到不尋常現象而誕生。科學從來都不應否定或隱瞞與當前概念不符的觀察結果，反之，科學應當要歡迎及設法去理解它們。可悲的是，順勢療法爭議在近年來已陷入備受攻擊的局面，懷疑論者以挑撥的態度否定和詆毀這個不尋常現象（即是順勢療法），原因是他們相信「順勢療法不會有效，是因為它不可能有效。」

　　然而，究竟是甚麼原因令順勢療法備受爭議，而且遭受攻擊長達 200 年？那就是順勢療法的基礎理論——相似定律——「相似者能治癒」。其實現今科學裡也存在著近似的相關概念，那就是藥物的第二作用。第二作用是身體對於藥物所作出的反應，而不是藥物本身的第一作用。現代藥理學已經能夠識別出一系列的第二作用，包括反彈作用和斷癮效應（意指生理系統會產生彈回作用，舉個例子：在突然停止服用降血壓藥物之後，血壓會產生反彈效應，而且上升得比以前更高），此外還有藥物的反常作用（例如：在開始服用抗抑鬱藥之後自殺），如今這些都已被普遍承認。毒理學上所說的「毒物興奮效應」

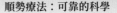

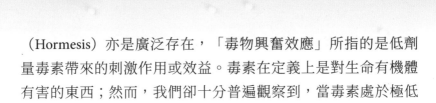

（Hormesis）亦是廣泛存在，「毒物興奮效應」所指的是低劑量毒素帶來的刺激作用或效益。毒素在定義上是對生命有機體有害的東西；然而，我們卻十分普遍觀察到，當毒素處於極低濃度時，它們是具有刺激作用或效益的。

因此，相似定律和第二作用對於現今科學理解來說，並非格格不入的。問題是那些對順勢療法持懷疑態度的人，斷言順勢療法有時採用的非常高度稀釋藥物是不可能的，它們無法產生任何「真正效果」，情況就如同反對心理作用或安慰劑效應一樣。他們荒唐地聲稱順勢療法「違反大自然定律」，又或者是「教科書必須改寫」，彷彿已經證實高度稀釋的順勢療法療劑，確實會構成心理作用。儘管作出此等言論的人，當被查問到底是違背了哪個大自然定律，或是教科書的哪個章節必須要被修改時，他們卻無法具體說明清楚。

懷疑論者聲稱「沒有科學證據可證明順勢療法」是完全不正確的。事實上，有大量實在證據圍繞著順勢療法：超過1,000 份的臨床試驗，當中約有 400 份是臨床研究方法的黃金標準——隨機對照臨床試驗。如今有好一些生物學模式可以被獨立複製，包括：高度稀釋的組織胺可促進嗜鹼性白血球的調節作用（嗜鹼性白血球是一種涉及過敏反應的白血球），以及高度稀釋的甲狀腺素可以影響兩棲動物的變態過程（變態是由蝌蚪變成青蛙的過程）。

方向一致的物理學和物理化學科學都已經證實，經過順勢療法製藥方式處理過的水，即是經過一連串稀釋和震盪（劇烈搖動）的水，與純水是有清晰區別的。穿透式電子顯微鏡已經

展示出，順勢療法療劑製作過程中的震盪程序，會產生非常高的能量，儘管這些能量是非常局部和非常短暫。低溫的熱釋光效應（Thermoluminescence）顯現出，以順勢療法方法稀釋的氯化鋰（Lithium chloride）仍然保留著鋰鹽的「識別標記」。運用核磁共振的 T1 和 T2 弛緩時間的研究顯示出證據，證明在水可透過氣體的納米微泡（Nanobubbles）形成穩定的超分子結構。

　　彼得‧亞當斯所著的《順勢療法：可靠的科學》，對圍繞著順勢療法的科學爭議提供了一個獨到的概述。運用哲學原理和最先進的科學概念——包括複雜性和整體系統痊癒，再添上大量個案病歷，來闡明順勢療法對病人在臨床上的助益，非常欣然看見有這樣的作品在順勢療法領域中誕生。

彼得‧費沙醫生
皇家倫敦綜合醫學醫院 - 研究總監
Royal London Hospital for Integrated Medicine - Director of Research

序二

　　順勢療法是一門引人入勝的醫學系統，它在 200 年前由德國醫生山姆‧哈尼曼（Dr. Samuel Hahnemann）所發現。順勢療法經歷過時間的考驗，如今世界各地已有數以億計人口使用它來治療各種健康狀況。順勢療法之原則的發現和拓展，都是透過反覆試驗來累積經驗的過程。經年累月，我們已經掌握大量關於順勢療法療劑如何運作、以及如何治癒病人的知識。

　　隨著實證醫學（Evidence based medicine）在近數十年間出現，除了對醫學藥物的經驗知識之外，愈來愈著重要經由臨床試驗和實驗室實驗去證實它們的有效性，正如主流西醫的常規做法一樣。不過，順勢療法的製藥方式涉及一連串的稀釋，目前這過程違背了現代科學的理解，從而引發一場激烈的爭論，至今尚未解除。

　　因此，在搜尋關於順勢療法的資訊時，必須從中篩選出可靠及客觀資料。彼得‧亞當斯的這本著作為這主題提供了一個很好的概述，十分適合正在試圖了解順勢療法的讀者，當中包含：它的原則、製作過程、科學的支持理據、以及附帶的爭議。作者在書中也收錄了許多有用的病例個案，好讓讀者更能理解

順勢療法如何在實務中發揮效用。順勢療法的科研領域正在迅速發展，這樣的參考書對學生們和外行人都非常有用，他們可以從中對這個令人著迷的話題得到一個綜合概念。

亞歷山大・圖尼爾博士（**Dr. Alexander Tournier**）
順勢療法研究院 - 行政總監
Homeopathy Research Institute (HRI) - Executive Director

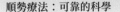

序三

　　由彼得‧亞當斯所著的《順勢療法：可靠的科學》，將各種不同的見解和支持順勢療法的理據整合在一起，使之成為一本既易閱讀又全面的書籍。彼得‧亞當斯是一位擁有數十年行醫經驗的順勢療法醫生，曾經協助數以千計的病人康復，再加上他對科學的熱衷，以及畢業於牛津大學，令他成為撰寫此書的不二人選。彼得具有將順勢療法這個複雜概念，用最深入淺出的手法來說明之本領，因此，我向所有願意更加了解順勢療法的人推薦這本書，無論是深存懷疑的人，以至病人、初學者及醫者。

曼尼‧諾倫（Mani Norland）
BA (Hons), DSH, PCH, RSHom
英國順勢療法醫學院 - 校長
School of Homeopathy – Principal
www.homeopathyschool.com

序四

　　順勢療法源自於科學，順勢療法的臨床治療成果其實已是鐵證如山。世界衛生組織出版的《世衛組織傳統醫學戰略2014～2023》中提及瑞士政府2011年出版的一份《衛生技術評估》（Health Technology Assessment, HTA），瑞士衛生部官員委任了專家仔細檢討研究順勢療法於瑞士國內的治療成果。報告中詳細對順勢療法於瑞士醫療系統中的表現作出分析，肯定了順勢療法多年來的價值，大大填補了傳統西醫的不足。報告的總結說：「有足夠的實驗及臨床數據証明順勢療法的有效性，無論是獨立來說，還是與主流西藥比較，順勢療法都是安全有效，且符合成本效益的醫療。」

　　從被創立至今的200多年來，順勢療法一直受到外界的抨擊，表面上是一場關乎「科不科學」的辯證；而實際上，更確切的描述是一場「利益上的衝突」。順勢療法的崛起，令醫學上長期的既得利益者蒙受經濟損失，是故西方主流醫學、現存醫學體系會用盡不是「理由」的「理由」去排擠順勢療法，因為他們從一開始，就習慣了壟斷整個醫療市場。中醫藥在香港回歸之前亦一直被當權西醫無理貶低，箇中的道理不言而喻。

順勢療法是一門精深的醫學，有別於主流醫學的膚淺理論，大眾在缺乏醫學訓練的條件下，往往對於「疾病的本質」難以理解，由於醫學知識不足，人們大多數不明白人類何以會生病？更遑論是理解何謂「真正的根治」。於是，有心針對順勢療法的人士，就是利用了這個漏洞挑起事端，以「順勢療法並不科學」來危言聳聽；追根究底，這還是一場 200 多年「與虎謀皮」的經歷。

　　試想像一下，若然今日在醫學界廢除所有收費制度，意思是在整個醫療過程中無利可圖，相信就沒有人再有興趣爭論「順勢療法科學不科學」；假使各國政府的醫療資源變成平均分配，就像瑞士一樣把順勢療法納入官方制度，「免費醫療」及「科研基金」並不是主流醫療獨享的恩寵，相信大眾的眼光就能變得雪亮，選擇順勢療法的人也會越來越多。醫療真相，只會越辯越明，唯有認清事實的真實面，才不致思想被蒙騙。

杜家麟教授（Prof. To Ka Lun Aaron）
香港順勢療法醫學會 - 會長
Hong Kong Association of Homeopathy – President

序五

　　我接觸順勢療法，是通過好朋友的介紹。當時我心想：這療法聽起來有點不可思議。但我又想：順勢療法是順從大自然的醫療方法，試一試也無妨。後來我大致明白順勢療法的原理：它主張如果某個物質可引起人身體上的症狀，那只要將這些物質稀釋震盪處理，改變水分子的連結方式，就反過來可以醫治帶有這些症狀的疾病，正所謂「解鈴還須繫鈴人」。而且，順勢療法強調治療的整體性：我們不是跟症狀搏鬥對抗，而是給身體一把攜帶訊息的鑰匙，開啟身體回復健康平衡的自癒機制。

　　現今社會依重西方醫藥，不過我想如果可以透過順勢療法調整體質後，就算真的要用藥，種類和份量或許可以減少，這看起來確是很棒的事情。而我大嫂的甲狀腺亢奮，也藉住順勢療法，得到了很好的醫治。儘管順勢療法在科學界經常引起爭議和疑慮，但順勢療法在歐美國家卻是頗常見的替代療法。以我認為，能在這大自然的治療中得到幫助，自己的信念也是不可或缺的。在此，恭喜這本書能成功出版，我希望藉著作者深入淺出、有系統的解釋，可以令大家對順勢療法有更多了解，進而造福人群。

司徒玉蓮女士
《紅塵誤·悟紅塵》作者
司徒國際控股有限公司董事長

序六

　　順勢療法已經有超過二百年歷史，全球有 4 億 5 千萬人正在使用，是傳統智慧，是經得起自由市場挑戰而歷久不衰的選擇。

　　順勢療法是全人的天然健康療理方法，可以毫無副作用的推動身體自癒能力。

　　每一個人都可以依據自己體質所需，在專業順勢療法醫生指導下令身體更健康，更完美。

Lady Athena

洪子晴女士
金運佳集團控股有限公司董事局主席
洪氏資產管理有限公司主席
洪子晴慈善基金會主席
中國深圳市福田政協歷屆港澳委員會常委
中國廣東省汕頭市公益基金會理事會名譽會長
香港區潮人聯會永遠名譽會長
香港汕頭商會永遠名譽會長
香港中華工商總會執行主席
世界華人精英聯合會總會長

你不可不知的澳洲 NHMRC 醜聞

在開始正式閱讀本書之前，也許這一件近年鬧哄哄的新聞是一個合適的開胃菜。

澳洲一流研究機構不惜掩藏「令人鼓舞的」數據，惡意抹黑順勢療法，遭公眾壓力終糾正

澳洲一流的研究機構——國家衛生和醫學研究委員會（National Health and Medical Research Council, NHMRC）終於在 2019 年屈服於公眾壓力，發布了其一直刻意掩藏，早於 2012 年已進行的原裝順勢療法報告。

一如所料，2012 年的原裝報告結果比 NHMRC 於 2015 年公開宣揚的 NHMRC 順勢療法評審報告結果正面得多。那一份 2015 年的報告曾對順勢療法醫學界聲譽造成了多麼大的損害。

2012 年的原裝報告是由南澳洲大學（University of South Australia）的專家評審員凱倫·格里默教授（Prof. Karen Grimmer）為 NHMRC 進行評審的。報告發現「有令人鼓舞的證據顯示順勢療法的有效性」，尤其適用於 5 種疾病，包括：中耳炎、成人上呼吸道感染和主流癌症治療的副作用。

　　可恥的是，NHMRC 於 2012 年收到這份原裝報告後，它卻決定終止與南澳洲大學的合同，雇用了一個新承包商，再次重新審查順勢療法的證據，並在 2015 年只公布了此第二份報告，同時向全世界大肆宣傳。

　　但只要細看此第二份報告，就會知道它不惜採用了多項自訂、無理據、且前所未見的準則，以達至「搬龍門」的目的，將參與研究測試的數量從 176 個減少至只剩下 5 個，終於得出一個它樂於宣揚的結論：「沒有足夠高品質的研究以取得有意義的結果」，因此沒有證據可表明順勢療法對任何健康狀況有效。

　　正如順勢療法研究院（Homeopathy Research Institute, HRI）的行政總裁瑞秋・羅伯茨（Rachel Roberts）所解釋，「2012 年原裝的報告已發現了一些好質素的證據，以表明順勢療法對某些疾病是有效的。我們需要更多研究來證實和鞏固這些發現，『已有一些』證據與『沒有』證據有很大不同。」

NHMRC 終以遲來的澄清糾正其 2015 年報告

　　NHMRC 2015 年報告發表後，令全世界的媒體都作出了不實的新聞標題，聲稱順勢療法沒有效。

　　受大眾壓力被迫公開原裝 2012 報告後，NHMRC 的行政總裁凱爾索教授（Prof. Anne Kelso）才最終於 2019 年對其 2015 年順勢療法評審報告作出遲了足足 4 年的澄清。

凱爾索教授表示：「與一些聲稱相反，這份評審報告沒有得出順勢療法無效的結論」（〈行政總裁聲明〉，2019 年 8 月 20 日）。

NHMRC 因為對順勢療法的證據存偏見和誤報證據而受到調查

NHMRC 最終被迫發布的第一份報告中，包含多個質疑格里默教授工作的有效性和準確性的註釋，但卻竟然完全沒有給予她任何答覆的權利。這是令人吃驚的，因為格里默教授用來評審證據的方法，正正是 NHMRC 自己建議的方法，而格里默教授也是為 NHMRC 創建這個方法的研究人員之一。

瑞秋‧羅伯茨說：「鑒於原作者的專業知識，以及 NHMRC 在這個有註釋副本上的不當評論，令人不得不質疑第一份報告是否因為沒有得出 NHMRC 想要的結果而被掩埋……」

就 NHMRC 對順勢療法的證據審查，其目前正接受聯邦申訴專員的調查，面臨因偏見、誤報、利益衝突和違反程序的指控。事實上，NHMRC 在一開始甚至沒有承認第一份由納稅人出資的報告的存在，該報告是通過「資訊自由」（Freedom of Information）的要求才被發現的。澳洲替代藥學團體（Complementary Medicines Australia）、澳洲順勢療法醫學會（Australian Homeopathic Association）以及順勢療法研究院的科學投入，成為了投訴 NHMRC 證據的一部分。申訴專員為期多年的調查結果仍未有明確裁決。

關於這件事的更詳盡細節可以看以下連結：

順勢療法研究院是一個創新的國際慈善機構，旨在處理順勢療法高品質科學研究的需要。
http://www.hri-research.org/

NHMRC 2012 年原裝順勢療法評審之問題和答案
https://www.hri-research.org/resources/homeopathy-the-debate/the-australian-report-on-homeopathy/australian-report-faqs/

第一份原裝報告「順勢療法的有效性：二級證據的概述」（包括〈行政總裁聲明〉和 NHMRC 註釋）可在這裡完整查看：
https://www.hri-research.org/wp-content/uploads/2019/08/Draft-annotated-2012-homeopathy-report.pdf

澳洲 NHMRC 醜聞資料：
www.HRI-Research.org/Australian-Report

NHMRC 2015 報告的概要分析：
https://youtu.be/QvF8KxbCXzA

NHMRC 2015 報告的影響：
https://youtu.be/oUCU2TbFd70

目錄

前言　　　　　　　　　　　　　　　　　　　　　3

序一　彼得‧費沙醫生　　　　　　　　　　　　4

序二　亞歷山大‧圖尼爾博士　　　　　　　　　7

序三　曼尼‧諾倫校長　　　　　　　　　　　　9

序四　杜家麟教授　　　　　　　　　　　　　　10

序五　司徒玉蓮女士　　　　　　　　　　　　　12

序六　洪子晴女士　　　　　　　　　　　　　　13

你不可不知的澳洲 NHMRC 醜聞　　　　　　　14

順勢療法簡述　　　　　　　　　　　　　　　　20

引言　　　　　　　　　　　　　　　　　　　　22

第一章　順勢療法有科學依據嗎？　　　　　　　24

第二章　在醫學裡甚麼才叫科學？　　　　　　　41

第三章　反順勢療法運動　　　　　　　　　　　60

第四章　對順勢療法的回應　　　　　　　　　　81

第五章　稀釋不是妄想　　　　　　　　　　　　104

第六章　何謂相似者能治癒？　　　　　　　　　144

第七章　生命系統　　　　　　　　　　　　　　160

第八章　我們是自我組織的個體　　　　　　　　182

第九章　如何醫治生物有機體？　　　　　　　　201

第十章　將複雜科學應用於疾病　　　　　　　　211

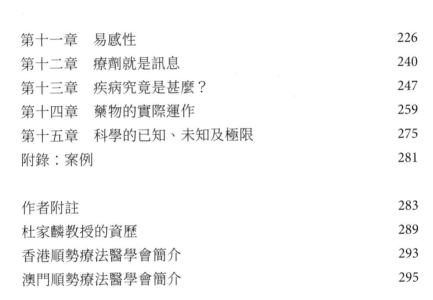

第十一章　易感性　　226

第十二章　療劑就是訊息　　240

第十三章　疾病究竟是甚麼？　　247

第十四章　藥物的實際運作　　259

第十五章　科學的已知、未知及極限　　275

附錄：案例　　281

作者附註　　283

杜家麟教授的資歷　　289

香港順勢療法醫學會簡介　　293

澳門順勢療法醫學會簡介　　295

順勢療法簡述

　　我初次與順勢療法（Homeopathy）接觸，是在 35 年前 [1] 的一場講座。可惜的是我中途離場了，原因是整件事聽起來十分可笑。因此我將順勢療法認定為似乎有點荒謬。直至數年後我有一頭母牛生病了，朋友給牠一些白色的小糖粒，它們發揮了治療效果，這也造就我日後成為順勢療法醫生（Homeopath）。順勢療法最迷人之處，是它結合了奇特理論和令人印象深刻的療效。

　　順勢療法第一個令人驚訝之處就是「加能法」（Potentisation）。植物和礦物都是順勢療法療劑的常見來源，我們會用水稀釋至沒有物質存在！不過新近研究指出水本身其實已經被改變 [2]。水對於任何溶解其中的物質都極度敏感，它的分子連結方式會發生變化，即使到了「無物質」的程度，這變化仍能存在。

1　譯者註解：本書原著初版在 2010 年於英國出版發行。

2　譯者註解：在加能過程當中，水會被加入的物質所改變，因此順勢療法療劑並不是只有水而無他。

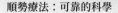

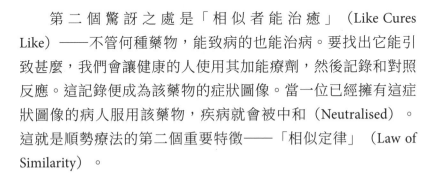

　　第二個驚訝之處是「相似者能治癒」（Like Cures Like）——不管何種藥物，能致病的也能治病。要找出它能引致甚麼，我們會讓健康的人使用其加能療劑，然後記錄和對照反應。這記錄便成為該藥物的症狀圖像。當一位已經擁有這症狀圖像的病人服用該藥物，疾病就會被中和（Neutralised）。這就是順勢療法的第二個重要特徵——「相似定律」（Law of Similarity）。

　　還有另一重要原則就是「整體論」（Holism），理論談及人類有機體的各個部位都是整體的一部分，而且整體會大於各個部分的總和。整體論為醫學帶來新觀點，對於理解順勢療法也十分重要。現代科學的複雜系統可以闡明整體論。

引言

　　順勢療法常被說成與科學對立，傳媒報導也經常把順勢療法形容為一派胡言，認為順勢療法 200 年來與科學進展有所抵觸。

　　人們相信順勢療法是不科學和不可能有效，表示證實順勢療法有效的證據被忽視了。這本書將嘗試展現順勢療法的可行性，抱開明態度就能看清這些證據。隨著科學的轉變，順勢療法也變得合乎科學。順勢療法與科學進展並無抵觸，它是科學的一部分。

　　順勢療法具有三大特性：加能法（Potentisation）、相似定律（Law of similarity）及整體論（Holism），這些特性通通受到科技新進展支持。首先，我們對「水的性質」之最新理解（第五章），展示當一物質被加能，就會在水中產生一個新的分子結構。此外，相似定律也受到多項科學引證確認（第六章）。以整體方式去看待人類有機體、健康和疾病，更與新科學的複雜系統完全一致（第七章及以後章節）。整體論說明了「整體大於其各部分之總和」──錯綜複雜的科學解釋了當中原因。

科學上這個新風潮強調的是過程而不是結果[3]，它與健康和疾病有著特別關連。

本書揉合各種不同學科而成的新科學，有助於解釋順勢療法。儘管有些反駁聲音，順勢療法還是得到可靠科學理據證實它的確有效，如今更出現了一套科學解釋。只要這科學解釋獲得接受，它的科學理據就可被認真對待。

我從 1984 年開始鑽研順勢療法，在此之前我認為它是謬論，但真實體驗和經歷迫使我改變想法。我希望捍衛順勢療法，要證明順勢療法是真確的，並展示出科學進步中的「科學」變遷。

3　譯者註解：順勢療法著重探討導致疾病的原因，而不是疾病的結果——診斷名稱，因為透過認清疾病的本質，才能找到根治的方法。

第一章　順勢療法有科學依據嗎？

本章讓我們看看周遭對順勢療法的反對聲音，而書中 52 個以順勢療法治療的個案研究，就從這兒開始。

順勢療法受到的抨擊

順勢療法在英國受到抨擊，在 21 世紀開始的 10 年間，來自報章及電視節目的批評有顯著增長。科學家們那麼憤慨，或許是因為這個如此「不科學」的東西正越來越普遍，也可能是因為藥業界關注自己的利益問題。其中一個抨擊順勢療法的源頭，是一個名為「科學意識」（Sense About Science）的組織，它的資金就是來自藥廠。賓・高雅（Ben Goldacre）在《衛報》（*Guardian*）〈差勁的科學〉（*Bad Science*）專欄以及其他報章上，寫了一系列論述順勢療法無效的文章。還有一些書籍，例如：《騙局還是治療：試驗中的替代醫學》（*Trick or Treatment: Alternative Medicine on Trial*），作者西門・聲（Simon Singh）和艾薩・安（Edzard Ernst）在書中詳述了順勢療法不科學的辯證。

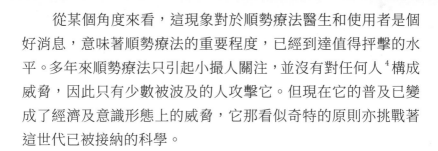

從某個角度來看，這現象對於順勢療法醫生和使用者是個好消息，意味著順勢療法的重要程度，已經到達值得抨擊的水平。多年來順勢療法只引起小撮人關注，並沒有對任何人[4]構成威脅，因此只有少數被波及的人攻擊它。但現在它的普及已變成了經濟及意識形態上的威脅，它那看似奇特的原則亦挑戰著這世代已被接納的科學。

順勢療法因種種批評而備受打擊，它過去也曾被攻擊及破壞。例如在 19 世紀中期的美國，順勢療法就因其普及而惹起政治、法律及專業政策的迴響，結果使其消失。到了 20 世紀初，順勢療法在美國已被徹底摧毀。然而，它又陸續興起，在 20 世紀末再度出現且被為數眾多的美國人採用。20 世紀 90 年代的英國，已將順勢療法納入規管，成為普通科醫生（General Practitioner, GP）[5] 執業的一部分。順勢療法重新上路，因此再度受到抨擊。這次主要聚焦在英國，原因可能是因為順勢療法已被納入英國國民保健服務（National Health Service, NHS）之中。順勢療法試圖威脅這年頭過分理性的思想：順勢療法是「不合理的」，這個「魔法」不但日漸普及，而且還逐漸受到科學承認，這情勢令到有些人感到不快。

4　　譯者註解：此處所說的任何人，實際是指醫療上的既得利益者。

5　　譯者註解：GP 的定義，最常被引用的是列文霍斯特（Leeuwenhorst）於 1974 年所作的敍述：「取得執照的醫科畢業生，並對個人或家庭提供初級、連續、全人、不分性別、年齡、疾病之全面性照護的醫生。」在亞洲，港澳地區稱為普通科醫生，而在台灣地區則稱為家庭醫學科醫生。

案例一 CASE STUDY 🔍

　　一名 32 歲女性有多個健康問題，其中不斷重複發生的是暈眩，整個房間都好像在轉一樣，症狀發作可持續數天。最嚴重時如果她的頭部稍微移動，房間就會立即天旋地轉，令她感到頭暈。她說最好是坐在地上靜止不動。

　　順勢療法的瀉根（*Bryonia*）是其中一種處理暈眩的療劑，它的特徵是「任何不適都會由於輕微動作而加重」。每次她服用瀉根後的數小時內，都會感到有所改善。

順勢療法 vs 科學

　　哲學家叔本華（Schopenhauer）說過：

　　「所有真理都經歷三個階段：最初被嘲笑，然後受到猛烈反對，最終自我完善而被接納。」

　　這道理可見於愛因斯坦（Einstein）發現相對論（Relativity），事實上也曾被一些科學家極力反對。科學史上有很多例子，特別是醫學方面，很多發現在初時都被反對。像是在 20 世紀中期，發現免疫系統和神經系統之間有聯繫就是一個好例子。這樣的一種常識居然也曾被醫學界否定，現在回看實在有點離奇。不過科學的歷程就是要經歷此等限制，再不斷尋求突破。曾幾何時的科學「事實」這樣說道：世界是平面的、太陽圍繞地球轉動、牛頓力學（Newton's mechanics）解釋得到

整個宇宙、人體功能就如一部機器、沙利度胺（Thalidomide）[6] 對孕婦是安全的⋯⋯許多今時今日的科學及醫學傳統，也將會被廢棄而丟到垃圾箱內。科學正在不停演變，所以永遠會有衝突和反駁，抱懷疑態度對待某些以科學為名的主張是必要的。

評估順勢療法

要科學地評鑑順勢療法有兩種方法：第一，是審視那些從實驗室和臨床測試順勢療法療劑效用而得的證據。這個過程應當是簡單、直接、無疑的，但事實上並非如此。這是因為科學實驗不像它們看來那麼直接，不管是何種藥物（包括替代醫學或傳統醫學），要設置科學實驗和檢視藥物效果的試驗都會遇到困難。設計、實施、記錄及詮釋醫藥研究報告的難度令人感到意外。一個理想的藥物試驗中，研究對象的人數必須夠多（並涵蓋所有年齡層和類型），他們應該服用各種不同藥物（以研究藥物的交互作用），並且應該持續數年。一個完美試驗是不可能發生的（見第二章）。偏見總是難以消除，尤其是如何詮釋數據，以及專業期刊選擇發表文章的方式。醫學試驗及其出版同時也受資金來源影響（延伸閱讀請看《差勁的科學》（*Bad Science*）一書第十一章——〈主流醫學邪惡嗎？〉（*Is Mainstream Medicine Evil?*），作者：賓・高雅；出版社：Fourth Estate，倫敦，2008 年）。所以到目前為止，這方法還是沒有結論的。醫學證據的整個領域是個布雷區，而有關順勢療法的

6　譯者註解：沙利度胺於 1956 年在德國上市，1958 年陸續傳至英國及其他國家，最初被用作鎮靜劑及抗吐劑（尤其是對孕婦）。直到後來被證實孕婦服用該藥物後，產下嬰兒會有四肢及內部器官畸形的高發生率，終於在 1961 年實行全世界市場回收，以及禁止上市。

證據各異。有些說順勢療法有效，有些則不然。順勢療法醫生透過持正面結果的試驗獲得支持，並指出那些反面試驗中的偏見；而順勢療法反對者則提出反面試驗，也指出正面試驗中的偏見。數以百計的試驗中，有些操作得十分良好，已被刊登於醫學報刊上，但卻不足以說服任何一方承認，所以爭拗仍然持續。

第二個方法就是以科學解釋順勢療法如何發揮效用的疑問。順勢療法反對者將矛頭指向製作順勢療法療劑的奇特方法，以及對其療效的奇特解釋。他們認為這些都是不科學的：順勢療法的原則對他們而言更是胡鬧。順勢療法支持者則堅持這些原則是可行的，因此一定會有解釋，只是現時科學尚未發現而已。支持者言明如果那解釋涉及一場科學革命，那麼這就是科學發展中必然的一步。

這兩個關於「證據」和「解釋」的疑問，在理想世界中是分開的，證據會被單獨看待而且不容置疑，只要能展示成效就會先被接納，然後再解釋。但在現實大多數人的心中，這兩個問題是綁在一起的。順勢療法實例有時就像對牛彈琴，無論有多少正面證據都不能說服某些人——對他們而言順勢療法是不可能有效的。科學家有時會說：「為了證明奇特的主張，就要有奇特的證據」。這個「奇特主張需要多些證據，才能評估異於常態現象」的觀點存在著一個危機——真正結果可能會被忽略。順勢療法帶來的真正結果會因此被忽略。如果順勢療法的作用原理是更易理解的話，證據也許會較易被人接受。

1991 年 2 月 9 日出版的《英國醫學期刊》（*British Medical*

Journal）[*1] 刊登了一份有關順勢療法的研究調查，內容是 167 個順勢療法對照臨床測試，接近 80% 的測試顯示順勢療法是有效的。研究將順勢療法應用於呼吸系統感染及其他感染、消化系統疾病、花粉症、腹部手術後的復元、關節炎、痛症或創傷等等。作者總結如下：

「正面證據的數量……叫我們感到驚訝，只要作用原理聽起來是更合理，我們會基於證據而接受順勢療法為有效的。」

這個註釋完全表明了觀念和證據是如何糾纏在一起。如果順勢療法能更易理解，如果它的原則看來不像否定科學，那它的證據就會被更認真對待。對部分人來說順勢療法根本不可能是個可能。現時持正面結果的試驗都在結尾時提議「需要更多測試」。事實上現存的試驗已顯示了順勢療法有效。而支持順勢療法的證據比某些傳統藥物還要有力。令人難以置信的是，《英國醫學期刊》刊登了一個對傳統西醫科研水平準則的評審，顯示 95% 的準則都有不足。何以科學試驗可以如此不濟的問題，將在第二章解釋。

爭議持續

在順勢療法被創立的 200 年後，它仍處於一個模糊位置。一方面它在世界各地已成為一門醫學系統，另一面它也引起來自科學家、醫生及批評家的猛烈抨擊。順勢療法得到英國皇室支持，在英國有三所順勢療法醫院。印度有數以百間順勢療法醫院，提供傳統醫院的所有服務。順勢療法在歐洲、北美洲和南美洲也十分普及，但另一方面它卻被肆意批評為不科學，大

部分科學家認為「物質被不斷稀釋至無物質程度時仍能有效」這說法是無稽之談。

順勢療法「不可能有用」這論調，以下人士顯然不表認同，例如：英國王儲查理斯（Prince Charles）、大衛・碧咸（David Beckham）、嘉芙蓮・薛達・鍾絲（Catherine Zeta-Jones）、艾索・露絲（Axl Rose）、11 位美國總統、天娜・特納（Tina Turner），以及全球數以百萬計人口，包括 3,000 萬名歐洲人。網址：「www.homeopathycenter.org」提供了許多支持順勢療法的知名公眾人士資訊。順勢療法在德國及法國的普及程度，遠勝於其他任何地方，有 30,000 名提供處方的順勢療法醫生。

反駁一直持續多年，而且不時成為傳媒話題。最引人注目的是 1986 年發生的本維尼斯特事件（Benveniste controversy）[7]，積奇士・本維尼斯特（Jacques Benveniste）是一位享負盛名的法國免疫學家，他的研究經過再三嚴密複審，以及在其他國家將他的實驗重複進行好幾次之後，終於在一本重要科學期刊《自然》（*Nature*）內刊登。這篇文章引起極大轟動，一名魔術師占士・羅迪（James Randi）被派往調查！（他向來有揭穿詐騙的清譽，不過順勢療法支持者質疑這位調查員人選。）除了一個在該名調查員操控下進行的實驗以外，其他通通確認順勢療法有效，可惜之後引起的混亂令這個事實被忽略了。

一個橫跨歐洲的科學家團隊決意證明本維尼斯特是錯的，而且順勢療法也不會有效。他們安排了一系列精心設計和嚴密

7　譯者註解：詳情請參閱第五章。

執行的實驗，但不幸事與願違，實驗得到「錯誤」結果。研究顯示了順勢療法之稀釋是有效的，就如本維尼斯特所述，水能夠儲存非物質的資訊，即是說：水擁有記憶。這個結果在過了很久之後，刊登在一本不太重要的科學期刊中，而且沒有人記得它，事件就再一次被淡忘。

因此爭議不但持續，而且甚至升溫。實際上順勢療法療劑持續受到世界各地採用和信賴。就理論而言，多篇科學研究顯示，水具有一種十分奇特的分子結構，能保留溶解物的印記。這個研究沒有被刊登，而大多數科學家的懷疑態度仍在。這個歷時 200 年的爭議正在加劇，這個沒有解答的爭拗還要持續多久？

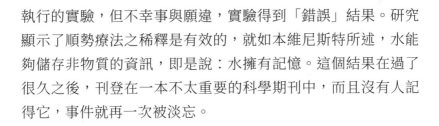

案例二 CASE STUDY

一名 50 多歲男性有叢發性頭痛問題，致使他在晚上痛醒，而且必須吸入氧氣（他在家中備有氧氣供應）。在他每次服用水銀（*Mercurius solubilis*）療劑之後，頭痛就會消失一年半，至今他已服用了六次水銀療劑。他是個水銀體質的人，因為他的問題會在晚上加重，而且他向來膽敢挑戰和對抗權威。個人整體系統的這些特徵會指引出所需療劑，因為它是整體系統中的根本問題。反叛和頭痛似乎互不相關，但兩者都是整體系統的產物。給予順勢療法療劑的原因可能會與主訴沒有顯而易見的關連。

　　因為順勢療法醫生是根據症狀選擇療劑，有時順勢療法會被認為只會處理症狀，是一種膚淺的醫療系統，但其實深層的生理和心理狀況，在順勢療法上也被視為症狀。所有這些症狀都會被當作一個人的狀態指標，指出隱藏於那些症狀、疾病及整個人之下的根本狀態，而順勢療法醫治的正是這種狀態。

順勢療法威脅科學？

　　其中一個對順勢療法的指控，是它破壞了 200 年來的科學發展。實際上順勢療法對傳統醫學及傳統科學來說，並不是個重大威脅。順勢療法是革命性的，但這不表示它排擠所有其他科學。順勢療法是特殊個案；它的療劑只有在特定的方式下製作和處方才會有效。順勢療法於科學上開闢新天地，而順勢療法、物理、化學及傳統醫療科學，無論在政治上及科學上皆可共存。一些嶄新科學會被公諸於世，但大部分舊有科學仍會存在。

　　對於水的不尋常特性和其他與順勢療法相關的主題，現時已有大量科學解釋。當所有分散的研究被收集和整合後，順勢療法不但變得看起來有理，而且在科學上亦能使人信服。可惜這不被廣泛認同，原因是相關的研究沒有被好好整合，無論是醫學的還是順勢療法的。總括來說，順勢療法的科學化解釋已經存在，它隱藏於各種不同科學領域之內。

　　此外，從實驗室及臨床測試的結果中，顯示順勢療法療劑實際上有效的數目正在上升，很多證據是透過薈萃分析（Meta-Analysis）（一個綜合很多測試的分析研究）而取得，研究由葛

洛斯．連迪（Klaus Linde）率領他的同僚進行，並於 1997 年《柳葉刀》（*The Lancet*）醫學期刊中刊出。這是個進行完善的研究，找到了超過 100 個「符合所有正規方法論要求（如隨機性及與安慰劑控制組 *2 比較）」的測試，結果是正面的。有很多網頁描述了有關這研究和順勢療法的證據。（例如：在網站「https://www.homeopathycenter.org/」中點擊「資源」（Resources），再按「研究」（Research），你會找到很多附有連結的文章。）類似的資料也可在這兩個網站中找到：「www.homeopathy-soh.org」和「www.facultyofhomeopathy.org」。第一個網站說道：「實際上有數以百計高質素研究顯示順勢療法是有效的。」而順勢療法研究院（Homeopathy Research Institute, HRI）[8] 的網頁則指出過去已有六個關於順勢療法的薈萃分析，當中檢視了大量測試，其中五個顯示正面證據，其餘一個則無明顯結果。

在一些操作良好的測試中，經過研究員和統計員的檢驗並同意，順勢療法不但對深切治療部內嚴重敗血病患者有幫助，還有對尼加拉瓜和尼泊爾的腹瀉患童也是一樣，效果正面的研究還有許多。

8　譯者註解：順勢療法研究院於 2007 年成立，並於 2009 年獲慈善委員會（Charities Commission）選為慈善機構。研究院受理事會監察，理事會成員都是此領域內的資深專業科研學者，為臨床研究、順勢療法基礎科學研究作出非凡貢獻。創辦人亞歷山大．圖尼爾博士（Dr. Alexander Tournier）於 1990 年代末於劍橋大學研讀理論物理學時，就已經受到教授積奇士．本維尼斯特於「水的記憶」之一連串實驗結果、以及其他有關順勢療法的研究所吸引。見到順勢療法領域研究的潛力及重要，而且關注到初期研究的質素不足，圖尼爾博士決定設立一所研究院，其主要角色為提高順勢療法研究質素。更多資料可在其網站查看：「www.hri-research.org」。

　　不過，關於順勢療法的批評卻重複指出：順勢療法並沒有證據支持。這是怎麼跑出來的呢？這裡有個例子。一本叫《差勁的科學》的書說道：根本沒有可靠證據支持順勢療法，它引用的不過是一張展示數據的圖，當中顯示所有高質素研究項目：

　　「可是，在這張圖有一個不解之迷，差點令它變成偵探故事。那在圖右邊緣的小點，代表最高質素的 10 個測試，得到最高的哲特分數（Jadad Scores，一個量度測試質素的評分系統），鶴立雞群於其他測試之上。這個不尋常的發現，突然出現在圖的末處，顯示有些高質素的測試結果與大趨勢相反，並顯示順勢療法比安慰劑為好。究竟發生甚麼事？我可以告訴你我怎樣看：那一點代表的報告中，有些必定在作假。」[3]

　　沒有證據支持這個結論。較早前賓・高雅就寫到：「順勢療法醫生喜歡選取的測試，都是那些提供他們『想要聽到的答案』的，並忽略其他一切……」這正是他對所謂「假證據」所做的事。那 10 個測試是在一個薈萃分析（方法學上一個精確的模範[4]）中被檢驗過，並出版於一本被高度推崇的期刊《柳葉刀》內。

　　媒體上反覆嚷著「順勢療法無效」的論調，這樣散布流言令人聯想到在伊拉克大量銷毀武器的報導，這做法令公眾以為有需要打伊拉克那場仗。而反對順勢療法的運動，就是暗中破壞順勢療法在公眾中的形象，並嘗試提出要從英國國民保健服務中除掉順勢療法，有人策劃這運動旨在再次摧毀順勢療法。

　　順勢療法於科學及醫學期刊所得的證據熬過了抨擊。然而，最重要的一點是證據都在支持順勢療法，儘管當中大部分

研究所採用的方法，早在設計時已對順勢療法存有偏見。那些
方法都是沿用於傳統藥物的測試，並不適用於順勢療法。順勢
療法療劑著重於病人的個人化處理，而不是針對疾病。例如：
有 100 人患上纖維組織炎（Fibrositis），就有可能需要多種不
同的順勢療法療劑：療劑之所以有效，是因為它與患者產生的
症狀吻合，因此處方因人而異。在順勢療法上，沒有纖維組織
炎的常規療劑；每個病患都是以個人化方式處理。但大部分研
究都沒有考慮這點。這些研究的做法通常是給所有病人服用一
種療劑，例如：*毒葛*（*Rhus toxicodendron*），如果症狀符合的話，
那是其中一種有助處理纖維組織炎的療劑。於是，大多數受測
者會得到一種經過「加能」、但卻與自己症狀圖像不相似的療
劑。既然療劑不是根據「相似定律」而處方，所以根本不是順
勢療法。不過如果*毒葛*是那正確治療，它就會於那數個案例中
有效，如果只是部分相似，就只會有部分療效。單單這樣已使
整個研究得到一個可量度的好處。儘管這些測試並不是正確應
用「相似定律」，順勢療法仍得到與傳統藥物相當的療效。那
是一個被削弱和扭曲版本的順勢療法，完全不是真正的順勢療
法。

　　也有一些設計較好的測試，當中包含了雙盲（Double-
blind）設計，並有安慰劑對照的*毒葛*測試，選取對象是呈現*毒
葛*症狀圖像的纖維組織炎患者。[*5]這測試所得之結果會比較好，
因為這是個針對順勢療法的有效測試。如果有更多順勢療法測
試能被正確執行，所得結果一定不只比安慰劑明顯有效，因為
只有真正的順勢療法，才會帶來無與倫比的好處。

案例三 **CASE STUDY** 🔍

　　一名男子右手患有腕管綜合症（Carpal-tunnel syndrome），當他使用電腦工作時，他的手指會刺痛，手臂及肩膀也感到痛楚，像一種戳痛。當他的同事出現這症狀時，曾使用壽葛舒緩問題，但壽葛卻對這名男子無效。痛楚令他睡不安穩，他無法躺向患（右）側，靠左邊也不舒服。然而，在他服用藥西瓜（*Colocynthis*）的四天後，就不再痛了。

不一樣的科學

　　根據「相似定律」處方，療劑必須與病人症狀圖像相似，而不是針對症狀名稱來選擇常規療劑。如果測試沒有考慮這個因素，結果只能呈現有限的療效。

　　當處方到真正相似的療劑時，效果會被傳統醫療標準視為「奇蹟」。一種療劑通常可以戲劇性地改善超過一種以上的疾病，而且病人會覺得更加健康和充滿能量。一劑療劑的效用可能持續數星期，甚至數月之久。

　　一個確實無誤的順勢療法療劑能夠發揮非凡效果，但是必須切記，要找出理想療劑總是一件不容易的事。其他療劑也可能會有些效用，是因為它們與症狀圖像有部分相似。

整個有關醫學證據的問題十分複雜，順勢療法證據被扭曲，也是由於忽略這點所致。用這樣的方法研究順勢療法，就如給予抑鬱症病人服用消炎藥，然後下結論說傳統藥物無效一樣。要有效測試順勢療法，必須要有新的研究方法。

　　真正需要做的，不只是對加能療劑進行更多試驗，而是測試與個別病人症狀圖像相似的加能療劑，即是確實無誤的順勢療法療劑。其他一切都不是公正的試驗。

　　即使大部分試驗尚有不足，但仍得到一些正面結果，所以越來越多順勢療法的證據正在出現。因為證據已漸多，亦有了科學解釋，似乎順勢療法有效的事實最終會被接納。當這一刻來臨時，對於科學新領域的研究亦會展開。現代科學讓我們知道，世界比起 100 年前、甚至是 30 年前科學家所想像的，來得更要古怪。順勢療法對這持續不斷的探索旅程亦有所貢獻。

　　舉例來說，順勢療法的第一原則——加能法，是依靠水的記憶。對此背後的科學有更深理解，就能將之應用在生命的其他範疇上。順勢療法還有其他觀點對科學來說也是新的，它告訴我們一些未被了解或認知的現象。「相似定律」說的是「相似者能治癒」（Like Cures Like）[9]——當以正確方法使用時，一種能夠擾亂身體健康的物質，也能治癒該紊亂狀態（這與疫苗注射不一樣）。目前這方面的科學發現還很少。順勢療法的

9　譯者註解：順勢療法是唯一一個以 Like Cures Like 此定律為基石發展而成的醫療方式，Like Cures Like 之正確翻譯應當是「相似者能治癒」，然而，這一定律卻被媒體大肆錯誤翻譯為「以毒攻毒」，致使大部分華人誤以為順勢療法與中醫相似，更釀成大量騙子在中國國內和台灣以此作為行騙手段。舉例來說，他們會號稱以中醫藥結合順勢療法，並訛稱為「具有中國特色的現代順勢療法」。

另一個原則——痊癒定律（Law of cure）（第十四章），提供長時間審視療劑整體療效的重要指引。如果將這理論應用於傳統醫學的實務上，可能會引發翻天覆地的改變。

　　順勢療法醫生憑經驗努力地拓展醫學及人類健康已超過200年，他們建立了一套醫學原則。他們細心觀察治療後所發生的變化，以此為醫學基礎，歷年來重點也不是要完全了解這現象為何發生。那些隱藏於背後的機理細節從前是個未知數——現在新科學解開了謎團，否則可能是永不會知曉的，歸根究底生命有機體就是超越了分析的範圍。現代科學的進步帶領我們以一個不一樣的方法看待醫學，這個方法著重的是整體性，並且以理解藥物的整體療效為基礎，而非只是它的作用機制。在高度複雜的系統中，例如人類有機體，有些過程真的是無法分析，部分藥物的作用機制亦不能被查證。記錄所有能被察覺的效用來評審藥物，是個較好和安全的方法，而順勢療法就是運用這方法，順勢療法是以科學方法的實驗發展而來，跟隨真相走到一個未被發現的領域。從這方面看它已走在科學解釋的前頭，現在只待主流科學趕上來。

案例四 CASE STUDY

　　這是個牙痛的個案，一名女性牙痛了兩星期，患處分別在上顎和下顎中的一顆牙齒。牙醫找不到任何異常之處，於是診斷為神經發炎。病人也想不透因由，疼痛在知道一些壞消息後突然爆發。有位家人曾對病人動怒，而她說自己不懂如何應對憤怒，於是她沒有回應，但後來感到受傷害及憤怒。根據臨床經驗告訴我們，常用於處理牙痛的順勢療法療劑當中，有一種幫助因壓抑憤怒（致病原因）而導致牙痛的療劑，病人在服用飛燕草（*Staphysagria*）200C 後，牙痛便停止了。

　　可能會有人爭辯說這只是個巧合，但五年後她的牙齒對酸味和甜味的食物變得十分敏感。這似乎是在牙醫替她一次過花了很長時間，填補了三隻蛀牙之後開始的，後來她覺得自己所有神經都十分敏感，甚至出現偏頭痛的情況。她再次服用飛燕草 200C，舒緩持續了一個晚上。及後她再服用了較高層級的飛燕草 1M，敏感及偏頭痛便消失了。

　　兩次康復都是巧合的機會非常低。安慰劑效應同樣有機會出現在所有這些處方之中，然而，當中某些療劑的效果卻比其他療劑有效許多。

順勢療法是怎樣起到作用的

順勢療法之解說就在科學的尖端上蓄勢待發，這個解釋涉及一個對健康和疾病的新方向。順勢療法是以深層次影響患者本身的能量及其組織，是以整體會大於所有部分的總和。研究要做到深入這些層面幾乎是不可能的，而且它們的運作也可能永不會被詳細理解。不過，它們還是被當成整體來看待，以複雜系統的科學作為複雜有機體的突變功能（見第七章）。仔細觀察順勢療法療劑在個體健康上的各種影響，就能實際學習到很多有關有機體在健康及疾病上所起的微妙作用。雖然不能被分析，但仍可以從經驗得出的規律，結合對人體器官交感神經理解來運作這些力量。結果構成一個以全面而又自然之方式刺激健康的醫療系統。管理這系統的法則無法透過了解人類有機體的機理而得出（這是傳統醫療科學的偏好做法），因為這些機制不能被理解——實際上它們不是機制，它們比機制更加複雜。錯綜複雜的科學顯示它們就是那些不能分析的過程。而順勢療法已經與這些過程打了 200 年的交道了。

到目前為止，這些科學轉變的相關資料（證明順勢療法是有效的），仍未被篩選納入醫療科學之內，所以人們仍然堅信健康和疾病的機理，是能夠而且必須被詳盡解釋，而相信順勢療法是不科學的看法仍然相當普遍。

新科學跟我們習以為常的科學很不一樣，發生在過去數十載的科學轉變十分重要。當中許多轉變還未影響到醫學，但卻是革命性的。實際上它們已說明順勢療法是合乎科學的，甚至比傳統醫學更科學化。

第二章　在醫學裡甚麼才叫科學？

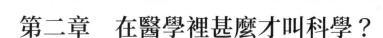

傳統醫學被認為是科學的，而順勢療法則被視為不科學。本章嘗試探討如何衡量醫療系統的科學或不科學。

科學進程

我們相信科學在不斷進步，同時假設我們對事物的科學理解也在改進。有了精密的顯微鏡和其他現代先進技術，我們以為醫學令我們更健康。

我們尤其相信醫學正越來越科學，因為對人體如何運作有更多新發現，有了更厲害的藥物和更先進的手術，我們以為自己在進步當中。

可是，科技進步並不止於現在。它世世代代都在進行，而且永遠繼續下去。科學總是在變，新的構思出現，接著成為理論，然後進行測試。如果得出來的結果比舊有理論和定律更好，那舊有的就會被新的取而代之——直至相同事件再度發生。科學知識只等於我們今時今日的認知水平，而非全面真相。我們在任何時間點上認為是科學的東西，實際上可能只是假設，而不是事實。

科學並不是一門接近完美的封閉知識，需作微調以保持尖端狀態；它總是不斷進展，所謂的科學標準每隔一段日子就會被取替，而將先前主張徹底改變。科學研究是持續發現之旅。大躍進和翻天覆地的改變經常發生，你可肯定未來也會這樣。科學家常以為他們對一切事物已有接近完全的理解，但矛盾出現的時候理論就需要被修正。

相對論的發現就是個例子，阿爾伯特‧愛因斯坦（Albert Einstein）一個世紀前的研究是個大突破，它顛覆了 19 世紀部分科學，並削弱了它們的確實性，令人吃驚。經過這樣一場革命後，出現一段鞏固和確認時間，然後補上細節，透過各種實驗確定新構思。理論解釋不了的會被視為異常，於是分歧的證據出現，遂發展出騷動和爭議。這情形如今發生在物理學界，但在衝突和掙扎過後，最終會出現一個新視野和真相。這個循環會生生不息，過了若干時候，新理論也會變舊。突破經常來自直覺、靈感和想像力，這時科學並不受限於理性。要是必須這樣，進步將會很緩慢。愛因斯坦的相對論是受到年少時夢境啟發。[*6] 著名物理學家史提芬‧霍金（Stephen Hawking）說：憑著有如愛因斯坦那樣豐富的想像力，我們可以預期物理學會不斷向前。

有些看來是常識的知識，例如：壓力與疾病之間的關連，都曾被科學否定過。現在回想過去，你會詫異我們當時的假設是如何被錯誤引導。科學時常改變立場（近期一個似乎不得不改變的例子是：常識和「周邊」科學都認為污染源和食品添加劑會致癌，但醫療科學卻否定。）偏見影響科學的程度，實在令人驚訝。

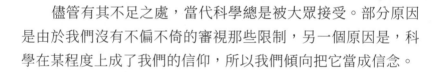

　　儘管有其不足之處，當代科學總是被大眾接受。部分原因是由於我們沒有不偏不倚的審視那些限制，另一個原因是，科學在某程度上成了我們的信仰，所以我們傾向把它當成信念。

　　這個觀點幫助我們了解當代科學是被限制的，而且難免有錯，就如任何年代的科學一樣。它會改變，未來的科學會超越它。用一個哲學角度形容為「源自科學史的悲觀歸納」[10] [*7]（Pessimistic meta-induction from the history of science）。有另一變奏演繹為「源自萬物歷史的樂觀歸納」[11]。

　　因此科學進展時而循序漸進，時而突飛猛進，偶爾還會兜圈子，繞了一彎之後才發現原來我們一向以為是常識的東西都是正確的。如此的逆轉現正發生在科學上，並以複雜系統的新科學形式出現。這個變動沒有帶來像「相對論」那般的戲劇轉變，但仍是個不折不扣的重要革命。它較為循序漸進，但亦較廣泛，影響多個科學範疇，並且影響科學整個方向及其理解事實的方法。這是各種系統（例如：生命有機體）內，關於混亂（Chaos）、複雜性（Complexity）、突現（Emergence）及自我調控（Self-regulation）的科學。它包含了物理、化學和生物學的轉變，它向我們說明了 19、20 世紀的科學，以機械理論解釋生命有機體（即是：類似機器）的方法是錯誤的。

10　譯者註解：這一哲學主張：由於大多數無懈可擊的舊理論都被否定了，我們必須假定現在的理論也會在未來被人們否定。

11　譯者註解：由凱撒琳・舒爾滋（Kathryn Schulz）提出，她認為我們犯錯的能力和想像力是不可分割的。她說：「在犯錯的樂觀模式中，錯誤並不是過去自己失敗犯錯的標誌；相反，就如樹汁和陽光一樣，錯誤也是這類力量的一種，默默的幫助另一有機體——我們人類——去成長。」

　　像這樣的發現只是冰山一角，反映出我們知道的實在太少，尤其是有關人類和人類健康的議題。進步總是可能的，而且無可避免。所以對待現代醫學，我們必須假設它將會一路轉變。複雜性科學的冒起是個沈默革命，但對我們理解健康和疾病方面卻有著深遠影響。它為順勢療法的科學性創造了一個平台。

科學沒有問的問題

　　觀察科學歷史的一個新方法，就是去探討那些沒有被問及的問題，找尋新發現需要熱誠，但當中可能會有疑問或問題被忽略；又或忘記了謹慎的大原則（這原則指出：只有片面知識是件危險的事，最好還是小心為上，免得將來後悔）。當金屬扣首次被植入病童中耳作為治療卡他性耳聾時，「金屬扣可能導致甚麼問題？」這疑問並無人發問。後來這做法也停止了，因為這樣會產生疤痕組織和永久失聰。現在人類的基因圖譜已被繪出，我們發現人體含有的基因，遠比預計中的少，根本不足以解釋人類有機體是如何運作的，但無論如何基因工程學已經走在前頭。「還有甚麼可以用來解釋人類有機體，以及改變基因會帶來甚麼危險？」這些問題都沒被提問過。

　　向大眾報告醫學上的新發現時往往欠缺謹慎，常以一種勝利口吻說：「我們如今知道很多疾病是由於基因有缺陷所致。」我們傾向相信，最新發現已是我們需要知道的所有，或至少覺得足以應付我們現在做的事情。

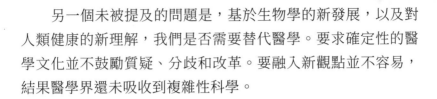

　　另一個未被提及的問題是，基於生物學的新發展，以及對人類健康的新理解，我們是否需要替代醫學。要求確定性的醫學文化並不鼓勵質疑、分歧和改革。要融入新觀點並不容易，結果醫學界還未吸收到複雜性科學。

　　科學發展的首要條件，就是要接受我們還有很多不知道的事——例如關於人體是如何運作的。因為這些未知的領域，新觀察和不能解釋的結果將會不斷出現。只要結果是真確和有根據的，沒有錯失或捏造，那麼科學家必須遵循它們，並臣服於事實之下。著名生物學家 T H・克士理（T H Huxley）這樣寫道：

　　「在事實面前要像小孩一樣乖乖坐著，準備好放棄一切先入為主的想法，懷著謙卑的態度，任憑大自然帶領，方能到達深不可測之境地，否則你將學不到任何東西。」

　　科學家首先要是不偏不倚的觀察者，然後為觀察到的事實尋求解釋，科技就是這樣進步的。我們觀察到許多事物但卻無法解釋，那些就是引領科學前進的事。順勢療法是一種可觀測的事實，只是無法以 20 世紀科學解釋，不過 21 世紀的科學就不一樣了。

　　即使一些科學結果看來令人難以置信，我們仍必須容許它們有為自己發言的空間，否則我們會被局限在一個只容許現存有限知識的世界裡。天然治療方式被大肆排斥，主要原因是它們的主張不在傳統「科學」觀念之內，而不是因為缺乏證據。英國國家醫療總監利欽・當勞遜爵士（Sir Liam Donaldson）曾說，英國國民保健服務沒有廣泛開放給順勢療法的原因，是由於絕大部分醫生不明白它是如何運作的。

越來越多天然治療的證據，但都不被接納，因為普遍仍然認定這些方法不可能有用。這觀念是基於過時科學而來，證據被忽略的原因，是它不獲公平對待。在醫學上出人意表的結果通常會遭丟棄，或被視為錯誤，即認為不尋常的結果是由於研究設計差勁、意外變數或是安慰劑效果所致。這種處理非預期結果的方式有時是合理的，但有時卻很危險，因為很多新發現可能會因此被白白丟棄。

在一片對順勢療法懷疑的情況下，正面證據都被忽略了。順勢療法挑戰常規科學理論，所以我們說「這根本不可能有用」。科學研究被否定，而數以百萬人的知識被視為觀察性證據而遭棄置，原因只是順勢療法的醫療定律——「相似者能治癒」和「極度稀釋藥物仍可有效」——與已建立的科學理解並不相符。

案例五 CASE STUDY

一名年輕女子由十多歲開始脫髮，而且現正每況愈下。多種順勢療法體質都有可能出現脫髮。

在這個案中，還有其他特徵顯露出她是馬錢子（*Nux Vomica*）體質的人。脫髮令她十分緊張，有時會爆發生氣情緒，通常傾向於激動易怒和討厭咖啡。這意味著馬錢子就是患者所需療劑，令她的系統自然重組調整，因此頭髮能夠再生。六星期後她頭上斑禿位置再度長出頭髮，整體感覺也大大改善。

一個固有概念的改變

我們對醫藥該做到甚麼的理解，通常視乎我們對健康和疾病的理解，而且某程度上也取決於我們對科學的固有觀念。世界是錯綜複雜的，我們從中看到甚麼就視乎我們如何觀察它，量子物理學（Quantum Physics）清楚說明了，你的發現會依心中想要尋找之目標而定。我們的觀念會受自己固有概念框架影響。

「現實中，科學事實的出現來自人類觀念、價值標準和行動之薈萃——簡單來說，就是來自框框之中——它們是分不開的。」[8]

因為複雜性科學，我們的理念正在改變，我們的世界觀也在進化。一個循序漸進但深遠的改變正在帶來新概念，例如：人類有機體獨一無二的複雜性。那一種以建築物結構來比喻人體的說法已經落伍，認為人類有機體就是由基因這些基本東西構成出來的說法有太多漏洞。現在科學趨勢正走向一個可以理解為「萬物支持萬物」的系統，人類有機體會透過自身提升而得以維持（見第十三章之「疾病的自助理論」）。

複雜性的科學

複雜性科學是一種截然不同的科學，在 20 世紀開始出現，至今仍在擴展。這些如混沌和複雜性理論、系統理論和生物學上的新概念等發展，都深深改變著科學。它們證明了先前科學的缺點。由於 19 和 20 世紀的「舊科學」過度簡化，故遺漏了許多真實中的微妙和複雜之處。舊理論建基於簡單的機械

定律，尤其是在醫學上，他們看待和治療人類有機體的方式有如處理機器。複雜性科學證明人類是複雜和具有自我創造能力的，而不是機械。所有生物都是自生、自組、自癒和自決的，然而，我們創造出再複雜的機械也絕不可能做到。我們對自己的認知，曾經被自己能力以內創造的機器所規範，我們對自己的理解也受限於我們的機械性假設；那時候沒有考慮到我們的極度複雜性。這複雜性一直存在於所有生命有機體，而人類是當中最複雜的。複雜性科學現正開始發現生命的奇妙，這對科學帶來重大影響。這是場非常真實的革命，在醫學上以複雜的生物模型取代機械性模型。這新科學正在創造出一個看待健康和疾病的新方向，以及可能是一門新醫學。

複雜性科學與自然醫學

複雜性科學向我們展示了人類有機體的多面性，這點一向都被忽視。那些全是精神與肉體，以及與免疫、荷爾蒙和神經系統之間的微妙互動關係，如此類推。

每個系統在個別獨立時都高度複雜，我們大部分疾病源自於這些不可思議的過程之中，如果這些新概念能貫徹在醫學上，就會有重大改變。如果現代醫學能多欣賞人類更加細緻和複雜的層面，將會出現革命性的場面。例如：西藥的預期作用和副作用之間的分別，就會被視為強詞奪理。所有作用都會被視為生命有機體對藥物的部分反應，但抱傳統觀念的人幾乎不能理解這個說法。要是採納的話，將會對醫學發展和處方有著深遠影響，醫療科學會因此而變得宏觀及全面。

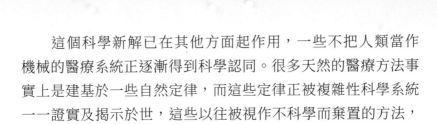

　　這個科學新解已在其他方面起作用，一些不把人類當作機械的醫療系統正逐漸得到科學認同。很多天然的醫療方法事實上是建基於一些自然定律，而這些定律正被複雜性科學系統一一證實及揭示於世，這些以往被視作不科學而棄置的方法，現在已被肯定與人類真正的天性相容。

　　我們越來越清楚，複雜性科學跟天然醫藥是同出一轍的。天然醫療系統如針灸（Acupuncture）、草藥學（Herbalism）和順勢療法（Homeopathy）（僅列舉幾項較為人認識的），都是以一些西方文明不接受的原則為基礎，但現在已慢慢變得科學化，因為科學不斷在變。

　　複雜性科學與天然療癒的原則有很多相似之處，經過兩世紀的反對，科學終於開始接受順勢療法。特立獨行和脫離主流科學卻成為順勢療法的優點，它的發展沒有被 19 和 20 世紀機械式分析科學拖累，而被趕入死胡同。它走出自己的路，不受當代科學的擺布。

　　沒有機械式的分析和調查方法，意味著順勢療法醫生憑著長時期觀察病人，就學懂了如何令人們健康。順勢療法醫生透過運用整全的原則，不斷反覆嘗試，發展出他們的治療方法。這可能聽起來很隨意，但其實所有科學都是這樣進行的，亦被用於所有醫藥發展。在 200 年前順勢療法初起之時，人們都不了解疾病與治癒的內在機制，然後在 20 世紀我們才開始相信，當中每個細節都可被分析和理解，現在我們知道舊有看法是可行的。

　　對待人類「黑箱」作業似的運作，首先要承認當中的內在過程無法全然知悉，於是不會浪費太多時間去理解當中每一個機制。正因如此，順勢療法醫生都被迫更小心和客觀地觀察人類健康反應。這種必要條件在過去、將來也是一種美德，這是發展任何醫學系統的最佳基礎。這種模式的醫療工作總是以長期、無偏見的觀察為指導原則，而非透過嘗試用僅有的知識去分析有機體。複雜性科學系統現在認同了這「現象學」或經驗主義的方法，而且肯定了其科學。

　　只針對人類有機體某幾個已知機制而行的醫學，不可能會是整全的治療。

案例六 CASE STUDY 🔍

　　一名母親在產後三星期患有乳腺炎（Mastitis），同時子宮也受到感染，她被處方抗生素（Antibiotics），但卻沒有幫助。嬰兒是剖腹生產的，現在她排出惡臭的分泌物。決定選哪種順勢療法療劑的有趣獨特之處如下：當一開始餵哺嬰兒時，乳腺炎是令人極度痛苦的，這名母親開始出現夜間盜汗問題。乳腺炎、受感染傷口以及綜合這些症狀都指向矽（*Silica*）這療劑。數日後，兩個問題都消失了。

「科學化的醫學」究竟有多科學？

　　發問「現代醫學究竟有多科學？」這問題的原因有很多，其中部分是由於傳統醫學使用機械模式所致。

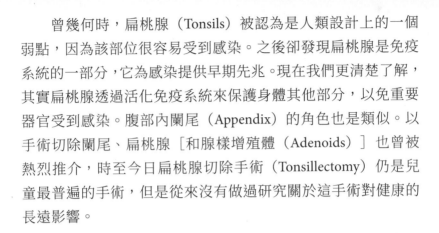

　　曾幾何時，扁桃腺（Tonsils）被認為是人類設計上的一個弱點，因為該部位很容易受到感染。之後卻發現扁桃腺是免疫系統的一部分，它為感染提供早期先兆。現在我們更清楚了解，其實扁桃腺透過活化免疫系統來保護身體其他部分，以免重要器官受到感染。腹部內闌尾（Appendix）的角色也是類似。以手術切除闌尾、扁桃腺［和腺樣增殖體（Adenoids）］也曾被熱烈推介，時至今日扁桃腺切除手術（Tonsillectomy）仍是兒童最普遍的手術，但是從來沒有做過研究關於這手術對健康的長遠影響。

　　傳統醫學向前邁進的方式，通常是透過發現一個體內疾病機制，然後創造出能夠影響那個機制的藥物（其他反應都被標示為副作用）。這種方式忽略了有機體的其餘部分，以及萬物皆是彼此相連的事實。

　　這個方法來自人類的科學模型，它無法解釋當中的微妙關係及複雜性——或其多變性。例如：新近研究顯示藥物反應是取決於病人年紀。用來處理藥物的酵素水平亦會有極大差異。最大分別出現在兒童時期：90% 用在嬰兒，以及 50% 用在兒童的藥物，從來沒有在那些年齡組別中做過測試。這絕不能稱為真正的科學化。

　　這延伸出現代醫學的另一個重大疑問——藥物是如何被測試的。它並不如我們想像中那般科學化或完善，即使外行人士有時也能看穿當中所用的系統。有部分新藥的藥物測試方法，在近年間因愛滋病（Acquired immune deficiency syndrome,

AIDS）[12] 而大大轉變。愛滋病的行動主義者積極參與，先是為愛滋病藥物宣傳，之後便是策劃藥物測試。沒有任何科學和醫學背景，他們都能意識到這個沿用的方法中存有缺點，最終引起專家們的注視，並改變原來的程序。很多藥物的臨床研究受到重大牽連，但測試藥物的方式仍然存有很多缺點。

　　細心研究的話，藥物測試是一項十分複雜的事，臨床測試要如何進行，已能造成重大差異。例如，測試可以更加符合實際，在接近日常生活情況下進行；又或者可以更悉心安排，抽離日常生活狀況。前者可提供更實用但較不清晰的結果；後者則提供較清楚的數據，但那些資料不一定能應用於現實世界的環境。藥物測試與精密科學之間還有一段距離。

　　關於如何選定測試藥物志願者的議題亦有爭議。疾病以不同方式呈現在不同的人身上，所以測試關節炎藥物，要先決定包括何種關節炎狀況。這些決定會影響測試出來的結果。當藥物在市場上推出時，這些考慮都會被忽略，因此藥物效果仍然是因人而異。

　　其實還有很多其他不確定性，例如：測試應該持續多久？副作用可能稍後才會出現，但測試會否因此而增加經費？在測試完結多久後才結束記錄？（有些效果可能只會在停藥後一段時間才出現。）這藥物如何與其他藥物交互作用？（這幾乎從未被測試過。）大部分藥物都是先在動物身上測試，但很多對動物無害的物質卻對人類有害。在所有通過動物測試的藥物

12　譯者註解：後天免疫缺失綜合症。

中，有 90% 對人類是不安全或無效的 [*9]。這表示在第一關已出現很多錯失。在沙利度胺慘劇 [13] 之後，貿然加入動物測試，但卻未得到科學認證，實在是極度不適當。

傳統藥物的測試是個複雜問題，最近卻被勉強壓縮成過分簡化的方法論。這等於說一種藥物要在市場上推出時，測試才真正開始。英國每年有一百萬人因為處方藥物住院 [*10]。我們不時會從報章上閱讀到某些不良反應，要在後期才會出現。醫生向官方上報這些不良反應的機制，無能程度眾所周知，所以藥物（在民眾上的）最終測試結果從來沒有被好好記錄、監察、或融合於新的研究項目之中。

除了複雜性科學提出了批判性的評價，和醫療測試的不適當外，西方醫學的科學地位受到質疑之另一原因是——製藥公司的經濟利益會有多大影響？以及有多少科學由於利潤而被推翻？大量證據指出答案是肯定的，有太多這樣的事。政府醫療政策受到帶有利益衝突的顧問影響，因為這些人與藥廠有密切關係。媒體報導了各式各樣的說法，指出越來越多私人公司在操控科學研究和出版，以及醫生處方的決定。這影響近年常見於大學內，受到現今政治和財政政策的鼓勵，程度達致醫學研究廣泛受藥廠操縱。這意味著商業利益有能力推翻科學，以及凌駕於病人健康。

作家約翰·利·卡爾（John le Carré）就在愛爾蘭小說《無國界追兇》（The Constant Gardener）中，寫到製藥公司的故事，

13　譯者註解：沙利度胺的問題，已於第一章之「順勢療法 vs 科學」中詳述。

他在小說中虛構有關藥廠參與謀殺，和其他恐怖行動，實在令人不安，但他說：「比起現實來說，我的故事猶如假日名信片那般輕描淡寫。」[*11]

順勢療法比傳統醫學更科學嗎？

我們可以這樣認為：傳統醫學是以不再存在的科學作為基礎。我們對「醫學上何謂科學」的理解，已被複雜性科學完全顛覆。曾經是「科學」的西醫，正逐漸變得不科學，然而，曾經「不科學」的天然醫療方法，如今卻變得越來越科學。

順勢療法是所有天然醫療當中，最「不科學」和最受排擠的，因為它的治療原則看來很奇異。不過，真實世界和近代科學形容它的方式也同樣奇異。經過現今科學肯定了順勢療法醫生向來的說法，順勢療法的原則便不是那麼不科學了。順勢療法始創人——哈尼曼經過不斷反覆試驗，建立了一套醫療系統，到了 200 年後的今天，終於得到一個科學解釋。

此外，根據水的最新科學發現，令順勢療法使用經大量稀釋的加能療劑開始有跡可尋。在已知事實的邊緣上，也就是在普通顯微鏡看不到和天文學水平上，所有古怪事情都可以發生，新定律和了解事物的方法亦會被揭示。調配順勢療法療劑過程中會被帶到這樣一個邊緣，物質經過極度稀釋後，我們發現到奇異的反應。在物理學和順勢療法上，發現了平凡的有形物質擁有令人驚喜的可能性。

如果要根據複雜性科學來創造一個醫學系統的話，結果將會是人類重複發明順勢療法，本書會嘗試解釋當中的原因。

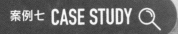

案例七 CASE STUDY

一名年輕女性出現肌肉痙攣、疼痛和全身冒汗，還會嘔吐和感到虛弱無力。她在尖叫、大聲叫喊、對著牆壁拳打腳踢。要解釋所有這些症狀，可歸納為她對海洛因（Heroin）上癮，開始戒毒已有兩天。她的幻覺包括有人襲擊她，害怕鬼魂，以及其他類似症狀。

有一種物質也可引起這一系列症狀，因此引發背後的混亂狀態，那個東西就是*曼陀羅花*（*Stramonium*）。因為相似定律，它同樣可以治好那種混亂狀態。在服用*曼陀羅花* 10M 的半小時後，她開始變得冷靜。往後那幾星期是個煎熬，但她持續有改善，最後也戒除了海洛因。

以實驗室和動物研究談順勢療法

這類研究比起人類的臨床研究，是更為簡單和容易詮釋。關於化學製劑、植物和動物的測試結果比較容易量度，於上一節提及有關臨床研究的許多缺點都可避免。這類研究已經提出順勢療法有效的明確證據，數以千計包羅萬有的實驗都有進行過（以下提及的多項實驗摘自：《順勢療法：21 世紀的醫學》（*Homeopathy: Medicine for The 21st Century*），作者：丹那・紐曼（Dana Ullman），北大西洋出版，柏克萊，加州，1988 年，第 62 頁）。

銅、硝酸銀、組織胺、甲狀腺素以及更多物質，以順勢療法方式稀釋後，給予患病的老鼠、患有肝硬化或帶有水腫的老鼠、正在分娩的豬隻、膽固醇水平升高的兔子、以及曬傷的天竺鼠。這些可憐的動物都得到改善。將順勢療法劑量的甲狀腺荷爾蒙給予不同品種的兩棲動物，牠們都會變得過度活躍；在實驗室內刻意用蛇毒血清令老鼠中毒，然後再給予順勢療法的蛇毒療劑，協助牠們的康復。中了鎘毒的蛙卵，如果給予處方順勢療法劑量的鎘，亦會有較大機會存活下來。順勢療法醫生並不認為醫學上的動物測試是合乎道德和有其必需性，那些結果亦不能可靠地代入人類身上。然而，這些動物測試展示了曾有多少順勢療法的測試，因應傳統科學的需要而出現過。數以百計的測試中，儘管當中有些會令人感到不安，但卻顯示了順勢療法的效用。

測試對象並不止於動物，幼苗的生長速度也會受到微劑量氯化汞（Mercuric chloride）的影響[*12]。各種不同物質以順勢療法劑量，試用於癌症腫瘤、肥大細胞、肌肉組織，甚或是整個人身上（順勢療法醫生會親自擔任這些無害測試中的健康志願者）。所有這些測試（包括實驗室和臨床的），加能療劑都達到了傳統科學對藥物的要求（他們沒有測試相似定律）。順勢療法能夠提供多方面、可靠和有說服力的證據。反對順勢療法的所有證據，很可能是基於進行得拙劣的測試，以及不正確的詮釋結果。

觀察性證據

　　科學證據的真實評估把對順勢療法證據的懷疑置於另一層面。想到設計醫學測試所涉及的難處時，那些看似否定順勢療法的證據，就不那麼令人詫異和憂心了。如果傳統醫學的研究都那麼不可靠，我們可以預計順勢療法的也是一樣。一個刊登於《英國醫學期刊》的發表，就有關科學刊物所採用的標準研究顯示，95% 的測試都是不適當的，這個數字令人震驚。雜誌編輯——理察·史密夫（Richard Smith），也曾說傳統醫學有許多負面證據，只是它們從來不見天日，而且當中有太多是互相矛盾的。

　　於此混沌中，觀察性證據的角色變得重要，即使科學家經常反對它。請謹記科學測試的不足，觀察性證據的地位得以轉變。觀察性證據就如科學證據一樣，質素良莠不齊——當中有些是沒有價值的。但如果它來自可靠的源頭，就可以在科學上站得住腳。如果那些察覺力強、判斷小心謹慎，並且值得信賴的人，重複報告著一些事，那他們的主張應該得到科學的尊重。

　　羅渣·德利（Roger Daltrey），他是組合「The Who」的歌手，曾在《泰晤士報》（*The Times*）[*13] 談及順勢療法。記者問他到底是甚麼令他使用補充療法（Complementary therapies）。

　　他凝視著自己的手心說道：「當我的兒子九個月大時，我有一個非常、非常戲劇性的體驗，他的胃有毛病，吃下的東西都會吐出來，所以他變得骨瘦如柴。在醫院內醫生們為他做盡所有測試，最後也只好把他交回我手中。我和妻子的心都碎了，

我那可憐的兒子正步向死亡，實在令人可怕。我想，一定會有些甚麼可以幫到他。我曾聽聞過順勢療法，於是從黃頁中找到一個當地人，我帶兒子前往拜訪，他開了一些藥粉給他。兩星期內我的兒子已經開始增磅，也能接受進食。這種不適週期性地反覆出現了幾次，過了幾年後就沒有再出現了，他今年已經27歲，而且還是個強壯健康的年青人。」

全球有數以百萬計的人使用順勢療法，從印度拉賈斯坦的泥屋中，以至美國洛杉磯的大宅內，每天都有母親給出牙的嬰孩餵食甘菊（Chamomilla）。許多藥物以順勢療法白色小糖粒的形式，被應用於家中、醫院和診所內各種狀況。儘管那令人反感的不科學身份，順勢療法仍於批判和誤解聲中存活下來。沒有任何騙人的醫療系統可以散播全球，更不會歷時那麼久。

這些數以百萬的人會知道順勢療法有效，是因為他們目睹順勢療法對朋友和家人有效，而且感到它對自己的身心起作用，這是一件關於體驗的事。很少人是透過閱讀有關它的方法和原則而接受，他們會由於見到一個不安的嬰孩突然入睡、又或是傷口的疼痛很快消失等事情而改變心意。

因為這些情況再三出現，於是人們都改變了立場，學習到這些白色小「糖粒」是有效的。有過這些經驗的人不會考慮或猜想順勢療法是否有效，他們的思考模式就有如知道明天的太陽一定會升起一樣——透過歸納法（Induction），一個取得知識的完美有效方法。相對於演繹法（Deduction），歸納法是透過經驗得來知識。太陽以前每天升起，所以它會在早上再度升

起（幾千年如是）。在順勢療法的情況內，那些糖粒之前曾經有效，所以未來仍會有效（只要給予的是正確療劑）。但在科學的圈子裡，由歸納法得出的知識會被貶為觀察性證據，就像老婦人的故事一樣不科學，一樣沒有價值。

　　令事情更混亂和虛偽的是，傳統醫學亦常用到觀察性證據，只是包裝成科學家的觀察，那就是在科學報告中他們觀察而得的結果，叫做觀察資料（Observational data）。這就是穿了白袍的觀察性證據。例子是那些資料被用於決定未開發國家的疫苗政策。實際上「科學」證據和觀察性證據之間，根本沒有一條確切的界線。科學證據通常是在實驗室和臨床設置下，透過穿白袍的人觀察所得，寫在報告中的；而觀察性證據則是在日常生活下，穿普通衣服的人們觀察而來。兩者都可以被無意或刻意扭曲。科學證據會被既定利益所影響，而觀察性證據亦會由於缺乏經驗而出錯。好的「觀察性」證據會比差勁的「科學」證據好；好的觀察性證據之所以比較好，是因為比起醫療科學來說，較少受到商業利益的控制，況且測試是在日常生活中進行，而非特別情況。

　　當所有有關順勢療法的證據受到尊重，它就會變成一個可靠而又重要的全球現象。現時的趨勢導向於實證醫學，即「證據為本醫學」（Evidence-based medicine），但卻被錯誤用作反對順勢療法。順勢療法的證據雖然被不適當的測試扭曲，但它的證據基石仍十分穩固。

第三章　反順勢療法運動

本章我們會檢視媒體上一些針對順勢療法的抨擊，並加以作出辯護，還會詳細分析這些資料，以說明它們並無科學根據。

順勢療法成眾矢之的

　　替代醫學（Complementary and alternative medicine）近年來越趨普遍，在 21 世紀之始進入了主流。醫務所因應需求把替代醫學納入其服務當中，而天然醫療診所的數量亦激增。替代醫學大放異彩，順勢療法亦然。《新科學家》（*New Scientist*）於 2001 年 5 月 26 日以專題介紹替代醫學，因為這是一個「不能錯過的趨勢」。在介紹這一系列文章的序言結尾，就以一個正面陳述作總結：

　　「如果研究補充醫療有助尋回醫學該有的焦點，那麼它一定對所有人都有益處。」

　　一名大學教授寫道：「傳統醫學及補充醫療兩者的假設都屬正確，我們對兩種療法都有需求。」[*14]

公眾對順勢療法抱開放態度，消費者多了選擇，健康因天然醫療而有所改善，但隨之而來是對順勢療法的抨擊。像這樣不持偏見的文章和報導現已不復存在，於科學研究中研究替代醫學已經不再流行。

越來越多醫學研究受到藥廠控制，也有持續增加的證據指出，製藥公司阻止發表那些指出他們產品有危害的試驗結果。歐洲藥物管理局（European Medicines Agency）的任務就是接手規管這些產品，然而它卻是藥廠自資的秘密組織，對藥廠呈上的證據甚少查證。為何政府讓製藥公司越來越多自行規管？經過近年多次藥物醜聞後，如今已有跡象顯示公眾對藥廠及藥物監管機制日漸失去信心。

這情況令人逐步趨向天然醫療。在針對天然醫療的抨擊出現之前，人們對尋找一種嶄新療法的渴求正日漸增長──一個更天然和整全的療法。這現象即使在醫學界亦同時發生，開放接受不同醫藥的態度正在普及。現在出現反對行動，抨擊順勢療法就等於妨礙步向新醫療的轉變。渴求改變如今受到阻撓，選擇只能被限制於那些可申請專利，並因此有利可圖的化學藥物。

不同範疇的科學家、科學作家和新聞工作者都參與作出指控。他們聲稱順勢療法是不科學的謬論，因為沒有證據證明其效用。順勢療法被人以科學之名攻擊，但問題是：順勢療法能否受到科學支持？還是那些指控才是不科學？

差勁的科學

　　舉例來說，在報章上就有對順勢療法持負面評論的報導，特別是賓·高雅為《衛報》撰寫的專欄〈差勁的科學〉（*Bad Science*）。那些報導看似科學，但仔細分析就可看出當中的弱點。以下內容摘自賓·高雅在《衛報》刊登的文章〈順勢療法之終結？〉（*The End of Homeopathy?*）。[*15]

　　「支持順勢療法的證據毫無技術或複雜性可言，或可說是甚麼也沒有……」

　　反之，所有有關藥物測試的證據卻無比複雜。以下是另一名科學作家對這種爭議的描述，他持著相反的觀點：

　　「整件事正反映出我們所謂的『科學研究』是何等複雜、含糊和混亂。儘管看來絕對權威和客觀，但即使最嚴謹的統計分析，亦會存有個人詮釋和主觀意見的空間。統計方法不能令這場討論科學的吵鬧爭議結束，看來它只會令爭議更明確地以數字形式延續。我們似乎無法避免這場必經的混沌過程，這樣才可讓科學界解決重要的理論爭議。」[*16]

　　而在賓·高雅所著《差勁的科學》一書中，就有一段文字與他先前的論調互相抵觸：

　　「證據為何如此複雜？我們為何需要這些狡猾的把戲？以及特殊的研究模式？答案很簡單：世界比起『藥丸令人康復』這種簡單故事來得複雜很多。」[*17]

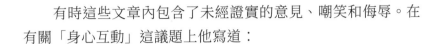

有時這些文章內包含了未經證實的意見、嘲笑和侮辱。在有關「身心互動」這議題上他寫道：

「身心之間互動的奧秘，遠比替代醫學治療者眼中既簡陋又機械化的世界複雜，他們只是讓藥丸擔當所有工作。」

天然醫療治療者遠比傳統醫生，更能接受身心的互動關係，對比起天然醫療背後的整全哲學，傳統醫學才是機械式和原始粗糙的。

此外，實在也難以看出以下陳述的根據：

「……順勢療法醫生比西醫更愛處方藥丸。」

由此可見他的無理取鬧：「但當他們（順勢療法醫生）……沒能力為順勢療法所面對極為簡單的道德及文化問題，給予一個合情理的解釋，我認為：這些人是笨蛋……」

有人可能會發現，要將這些見解歸納成為一種合情理的解釋會非常困難，順勢療法醫生們要面對的問題一點也不簡單，許多已在前面章節討論過了。稱呼順勢療法醫生為笨蛋似乎並不恰當。此等素質的評論，究竟書名《差勁的科學》所指的是書中陳述之內容？還是指該書本身呢？

媒體擁有強大力量——能夠攻擊鎖定對象，並為他們塑造笨蛋形象。因此，反駁的議論也許會被弄得銷聲匿跡，又或是被扭曲報導。支持順勢療法是不識時勢，甚至是冒著風險。有些支持者就曾遭受媒體和網誌攻擊，當中有些更是語帶侮辱

的。部分發表在《衛報》網站上的支持評論會被刪除，原因是它們不受歡迎。

不過，占士·拿·凡魯博士（Dr. James Le Fanu）於《每日電報》（*The Daily Telegraph*）*18 上肩負起捍衛順勢療法的挑戰，他寫了「精心策劃的反順勢療法運動」一文，對運動背後的動機提出質疑：

「避重就輕的做法是，將視線轉移到『順勢療法是差勁的科學』這手段可算十分有用，而英國國民保健服務何以在過去數年間把藥物預算提升三倍，成效卻是差強人意？這才是更值得推敲的疑問。簡單來說，不只如表面所見，這運動本身已帶有道金斯式傲慢（Dawkinsite arrogance）[14] 的意味……」

順勢療法批評家經常對順勢療法作出失實描述，然後對此肆意抨擊，聲稱順勢療法自取滅亡，事實上只是他們對順勢療法了解有限罷了。在報刊《觀察家》（*The Observer*）上，力·高漢（Nick Cohen）便說順勢療法醫生是弱智的；看來所謂的新聞「自由」正在自降其專業水平。

14　譯者註解：克林頓·理查德·道金斯（Clinton Richard Dawkins），生於 1941 年 3 月 26 日，是英國演化生物學家、動物行為學家和科普作家，在 1995 至 2008 年間，擔任牛津大學公眾科學普及教授，現任英國人文主義協會副主席，並擔任英國皇家學會會士、英國皇家文學會會士和英國世俗公會榮譽會員。道金斯是當代最著名、最直言不諱的無神論者和演化論擁護者之一，他崇尚科學與理智，並批評世界上所有宗教都是人類製造的騙局。道金斯在他富有爭議的暢銷書《上帝錯覺》（*The God Delusion*）中指出，信上帝的存在不僅僅是錯誤的，也會導致社會之間的隔閡、壓迫、歧視和誤解，同時宗教也是戰爭、恐怖襲擊、性歧視等一系列問題的元兇之一。道金斯也認為信仰會使人遠離理性與科學。

我們的社會出現了一種新現象：以超級理性的角度去追擊那些被視為不合理的事物。神、順勢療法和氣候轉變……都同樣得到如此對待。也許我們需要一種新的反社會行為令（Anti-social behaviour order）。[15]

　　有時這些攻擊性評論指控順勢療法醫生所犯的謬誤，其實他們本身也存有這些問題。細節可參考威廉・安達臣（William Anderson）所著的《萬聖節科學》（*Halloween Science*），文章可在「順勢療法：21 世紀的醫藥」網站（www.hmc21.org）內免費下載。

　　那些批評順勢療法的作者說，沒有證據支持順勢療法有作用，而傳統藥物則有科學引證為有效。對此批評可作以下兩項回應，首先相當簡單：有充分證據證明順勢療法有效，有些已在之前提及過，其餘還可從上述各網站內找到。儘管大部分試驗所採用的方法，都對順勢療法帶有偏見成分，但證據仍然指出順勢療法是可靠的。

　　第二，很多傳統藥物的證據基礎比順勢療法的更差。《英國醫學期刊》編輯就在評論上指出傳統藥物的證據有多差。當藥物的證據被徹底評審時，就會發現科學根據並不如表面看來那般清晰。其實也有很多不利於傳統藥物的證據，只是大部分資料不會像反對順勢療法方面那樣的被刊登出來。

15　譯者註解：反社會行為令是法庭依照民法（而非刑法）對個人行為提出的具體限制令。有時候目的是預防犯罪行為發生，例如：不准許某人進入某家商店，以防盜竊。而有時候則是為了避免騷擾鄰居，例如：不准某人在家裡高聲放音樂。拒不服從反社會行為令將被視為刑事犯罪，可送回法庭審判，並帶來長達五年的監禁。

在如此混亂及矛盾的證據當中，我們心中的假設會影響調查結果。這裡有兩名作家如此形容他們的立場：

「順勢療法是『信仰為本醫學』中最糟糕的典範……這些原則（有關順勢療法的）不但不符合科學實證，而且還正好與之相反。要是順勢療法正確的話，那麼很多物理、化學和藥理學知識就一定錯誤……要對順勢療法持開放態度……亦因此不能是個選擇。我們應該以『順勢療法不可能有效』為前提，除非有辦法證明，否則那些正面證據只反映刊物的偏見和設計上的破綻。」[*19]

我們透過上面章節明白到，科學進步要視乎對「與目前知識相反」現象的接受程度，對破格之事胡亂抗拒只會令發展受阻。同時，我們也看到順勢療法不會否定所有科學，只是當中有小部分需要修正。如果我們更改自己建基於固有觀念的那種科學，順勢療法在科學上就會變得可行，斷言順勢療法「不可能有效」實在是不科學。

如果研究員一早斷定順勢療法無效，那麼，得出一個負面評價也是意料中之事。

要評定任何醫學新進展，都需要具備一種開放思想，對所有各類醫療科學證據持懷疑態度，並察覺我們對人類有機體的科學理解當中仍有不足之處。

認識科學上發生的顛覆和改革，同樣對我們有幫助，在科學史上已經多次發生，而且將來亦會繼續，異端邪說有時會變成科學上最重要的發現。

順勢療法經歷時間淬煉，在世界各地得到數以百萬計明智、謹慎及講求科學的人支持。隨著順勢療法在全球各地的醫院及診所中完善設立，以及大量經由各種測試證明其效用的清晰證據，事實就是順勢療法已被廣泛採用，而且受到科學尊崇。它的清譽卻遭受這些不正當指控破壞，加諸於順勢療法的迫害，就如杯葛行動那樣不科學。

一名醫生在英國醫藥管理局的一場會議中說道，對順勢療法投反對票就是為科學而戰。阿當‧路費福（Adam Rutherford）在《網上衛報》（*Guardian Online*）向一位支持順勢療法的下議院議員發表以下聲明：

「我們人數眾多，我們都在看你——大衛‧查甸尼（David Tredinnick），我們會緊緊的監視著你。」

這種手段，與美國一名身兼暢銷作家的傑出醫生，主張研究之態度成了強烈對比：

「理所當然的唯一辦法，就是乘著人類無限想像力，以特別嚴格的要求去認證一些高度不可行、甚至幾乎不可能，但同時又是真實的事。」[20]

案例八、九、十 CASE STUDY

選擇順勢療法療劑是一種科學和理性的程序，但卻與傳統醫藥的過程截然不同。順勢療法療劑處理病人的整體狀態，這是生病的原因。在順勢療法上需要烏頭（*Aconite*）的個案，其中一個主旨就是突然受驚或恐懼死亡。這種潛藏狀態會在不同情況下引起各種症狀和疾病，就像以下三個例子。所有個案在使用烏頭後都迅速恢復。儘管療劑主旨在每個個案以不同方式呈現，但烏頭仍是他們的相似療劑。療劑的選取是以症狀為本，但它治療的是潛藏狀況，那就是三個個案的共通之處。

一隻馬匹在營火會當晚受到煙火驚嚇，馬主擔心馬匹會因過度恐慌而死亡，因為牠的心跳和呼吸都十分紊亂。

一名孕婦首次分娩但遲遲未有作動，她說她對痛楚感到害怕。

一名恐懼飛行的女子必須乘搭飛機 —— 她害怕飛機失事並因此而死去。

所有這些問題在服用療劑後很快消失。該名孕婦在服用烏頭之後不久便開始作動。這三個不同個案擁有一共通之處 —— 一個可由烏頭引起或治療的潛藏障礙。

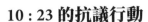

10：23 的抗議行動

　　也有人以不同方式攻擊順勢療法。就在 2010 年 1 月，約有 400 人聚集在英國部分大城市內的 BOOTS 藥妝店門口，向順勢療法作出抗議。他們每人吞下一整瓶順勢療法療劑，選擇在早上 10 時 23 分行動，是因為 10^{23} 代表阿伏伽德羅常數（Avogadro's number），在化學上一個十分重要的數字。當溶液稀釋度超越這個常數，要保留原物質，即使是一個分子也不大可能，所以幾乎可以確定裡面「甚麼也沒有」。示威者吞下大量經過稀釋的順勢療法療劑，然後報稱沒有任何效用，但他們卻不解釋試驗的設計。他們沒有表示會記錄實驗可能得出的結果，也沒有於實驗前記錄實驗對象的長期或短期健康問題，以建立實驗的基準。據我們所知，測試過程並無任何監督，以提供客觀監察，而且也沒有安排對照組。總括而言，這次對順勢療法的抗議行動並不科學，它既有誤導成分，而且還以一個沒有根據的測試破壞順勢療法的聲譽。

　　現時測試順勢療法療劑已有完善的程序，以健康志願者進行嚴格測試，來檢示順勢療法療劑，這種測試程序已經有 200 年歷史了。

　　這些測試稱為驗證（Proving），我們在此作一簡述。給予志願者服用加能療劑，通常是每天一劑。但在驗證開始前要記錄每名志願者的健康狀況，這包括個人（生理及心理）的完整圖像，以及包括一些平常不會記錄在醫學測試中的資料，例如：對食物的喜惡及耐受性、環境的敏感度、或任何心理特徵（如：恐懼、夢境、強迫行為）等。

　　這為之後各人每天記錄「有別於平常」的資料提供了基礎，如果有些驗證者對療劑不敏感的話，他們可能不會經歷任何改變。但大部分人經過數天或數星期後，都會體驗到一些變化，而這些都會被督導員記錄下來。

　　督導員會將所有資料整合成一篇專有描述，以說明該療劑能引起甚麼，因而可治療甚麼（順勢療法的「相似者能治癒」，見第六章）。這是個複雜的過程，我們暫不在此討論。

　　因為相似定律，測試順勢療法療劑需要先發現它能引起甚麼，這意味著測試療劑的方法，比起傳統藥物的更容易、更安全及更全面。它們可以給健康的人服用，所有效果都能即時出現，測試也可在釀成任何傷害前終止。不需要把部分作用標籤為副作用，因為所有作用都同等重要。

　　這就是測試順勢療法療劑的方法，驗證方法學的完整細節也是公開的。至於一口氣服下整瓶順勢療法療劑，就等於只服用了一劑，因此不大可能產生任何效果。順勢療法療劑不是一種物質性劑量，所以增加療劑粒數不等於增加藥量。作用會隨著重複劑量而被增強。不過，在某些情況下，一劑就能產生一些作用。如果有示威者碰巧服用到適合自己的療劑，那麼可能會有一些助益——可惜以我們所知，當時沒有任何機制記錄這些結果，所以那「小小糖粒」可能存有的些微價值也被遺漏了。

　　10：23 的抗議行動並不成立，但卻助長了針對順勢療法科學的非理性迫害。在中世紀時期，許多無辜的男女被教會視為魔鬼，今時今日的科學主義似乎也有展開同類型迫害的傾向。

　　已有好幾百種的順勢療法療劑被「驗證」。驗證在科學上
是成立的，它們是確切的資料。處理嚴謹的驗證都是以隨機雙
盲安慰劑對照實驗（Randomized double-blind placebo-controlled
trials）方式進行。排斥順勢療法意味著拒絕接收這些資料。資
料的真確性可以透過重複驗證過程來確認。順勢療法的效力同
樣也可在每次順勢療法療劑發揮作用時確定，因為療劑是經由
參考記錄在順勢療法之療劑綱目（Materia medica）中的驗證資
料來處方。

　　可是，《差勁的科學》這書對順勢療法的驗證卻作出以下
描述：[*21]

　　「一群由一至數十人不等的志願者，在為期二天的過程
內，聚集一起服用六劑經過『驗證』的療劑（當中包含一系列
不同稀釋度）……」

　　作者亦作出以下評論：「但順勢療法醫生一直十分成功地
將這些『驗證』促銷成為有根據的科學研究。」

　　科學家聲稱已放下個人信念及宗教，不帶偏見的進行科學
研究。有時令人懷疑這到底是否事實。宗教傾向宣揚他們信以
為是的信念，「科學」則傾向指摘甚麼與其信念不符。抨擊並
不局限於順勢療法，其他天然醫療、以及其他違反「科學」觀
念的事物，也會被裁定為殘缺不全。當某些治療起不了作用時，
有時這些指控是成立的，但這不適用於順勢療法。順勢療法是
有效的，對其指控只是種基於信念的現象。沒有根據可說明順
勢療法無效──證據都持相反意見。堅持說沒有證據證實順勢
療法有效是錯誤的，當然會有些呈現負面結果的順勢療法測試；

在醫學研究上這是意料中之事。不過，大量支持順勢療法的證據卻被忽視、或誤解、或惡意抹黑，傳媒經常報導「順勢療法沒有效用」是錯誤的。

驗證的關聯

　　一名病人由於晚上恐慌發作妨礙睡眠而尋求順勢療法治療。他會於凌晨一時突然醒來，焦躁不安得不能待在床上。他在家中踱步，強烈心悸令他以為自己快要死了。他感到焦慮、坐立不安、寒冷和發抖，一直持續到三至四時。如果他到另一張床睡，有時可能會好一些。一切問題自從裁員危機出現那時開始惡化，這事令他對自己的財務狀況感到極度焦慮。

　　以下是有關白砷（*Arsenicum*）驗證的部分摘要，資料由順勢療法創始人哈尼曼記錄，並編輯在 1830 年出版的著作《純粹藥物學》（*Materia Medica Pura*）內：

　　「大概凌晨一時極度焦慮，他找不到適合休息的地方，在床上不停轉換姿勢，從一張床離開走到另一張床，這裡躺躺，那裡躺躺。他是寒冷、顫抖和流淚的，認為在這困境中無人能幫助他，他必然死亡。晚上強烈心悸。於夜間踱步。」

　　「病人恐慌發作」與「*白砷驗證者體驗*」之間的相似點，意味著白砷就是該名男士的適當療劑。以加能形式給予使用，在經過一段時間治療後，病人恐慌發作不再出現。

是騙局還是治療？

《騙局還是治療：試驗中的替代醫學》（出版社：Bantam Press，倫敦，2008 年）是一本旨在以科學方式評估替代醫學的書籍。作者們在序中寫道：「我們都是訓練有素的科學家，因此我們會以一種謹慎態度，去審視各種不同替代醫學。」這書是由西門·聲和艾薩·安所著，並自稱是「替代醫學的天書」，擁有「絕對權威」（這些聲明可在書套上一一找到）。

這類聲明在科學著作中十分罕見，因為科學是一項永遠向前的工作，肯定性的結果很少見，更從來未能達至絕對權威。

讓我們分析一下他們如何對順勢療法作出譴責：

兩位作者參照一份由艾精·尚醫生（Dr. Aijing Shang）及其團隊操作的順勢療法測試研究（2005 年刊登於《柳葉刀》）。他們用這個薈萃分析研究現存的順勢療法測試，並以大肆宣傳其結論——順勢療法只是比安慰劑稍為好一點。這聽起來可能不太令人留下深刻印象，但當看過這薈萃分析的進行流程（下文將述），就會發現對順勢療法而言是個好結果。這份研究是兩名作者反順勢療法議論的第一步部署。

第二步是這樣的：聲和安說這個薈萃分析當中存在的誤差幅度，意味著順勢療法可能不比安慰劑好。（《柳葉刀》當期的編輯也持相同觀點，向讀者宣布「順勢療法終結」，並說：「醫生需要勇敢和誠實告訴病人，順勢療法對他們無益」。然而，即使有誤差幅度，順勢療法比安慰劑略勝一籌的可能性依然存在，所以說《柳葉刀》編輯之言論並無事實根據。）

到目前為止，聲和安譖責順勢療法的立足點非常不穩固。當他們的爭辯持續，就更是疑點重重。其中一個關注點就是尚博士在研究中所採用的方法。

尚博士的研究工作，部分是為了回應另一個薈萃分析。此分析是由葛洛斯‧連迪（Klaus Linde）率領團隊進行，並於1997年發表，文章同樣也是在《柳葉刀》上發表。這個研究顯示了順勢療法是有效的，研究的方法亦相當出色：

「他們的研究是嚴格執行方法論之典範，符合所有傳統醫學研究的規範。」[*22]

執行研究的作者解釋了那些方法，儘管過程十分嚴謹，但仍然招來異議。研究在反對聲中被修訂，並於1999年重新出版，研究結果依然是正面的，只是稍作微調。

尚博士的研究在連迪所發表的六年後面世[*23]，連迪對尚博士的研究方法十分質疑，認為他們沒有遵循科學界廣泛認可的研究論文標準程序，例如：薈萃分析指引（Quorum guideline）。這項研究並沒有被收錄在高質素的考科藍實證醫學資料庫（Cochrane Library）[16]中，效用評審摘要資料庫

16　譯者註解：考科藍實證醫學資料庫是由多個資料庫組成，以協助搜尋可信賴的醫療實證，訂定臨床個案之理想醫療計劃。這些資料庫包括：Cochrane Database of Systematic Reviews、DARE、The Cochrane Central Register of Controlled Trials、Cochrane Database of Methodology Reviews、Health Technology Assessment Database、NHS Economic Evaluation Database。

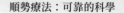

（Database of Abstracts of Reviews of Effects, DARE）¹⁷ 之內。研究內容沒有提到被剔除在外的測試，而最終被納入研究中的測試只得八個（連迪卻在他率領的研究中收納了 99 個高質素測試）。

連迪也指出一些儘管深奧，但卻十分重要的問題：

「另一個重大問題是：尚博士的研究把測量不同效果之測試數據混在一起……假若那些研究結果內含任何真實成分，尚博士的混合數據會令整個分析無效；因為它曲解了統計資料，極有可能產生一個假陰性結果。」[*24]

連迪對尚博士的研究提出鄭重疑問，他說尚用於複變函數分析的方法，很可能會顯示出順勢療法無效的結果。其中一方面是尚博士採納研究的方式——他的手法會自然傾向選取到較多負面研究。他說《柳葉刀》應該拒絕出版尚博士的研究。聲及安詳盡描述連迪在研究中的些微缺點，但即使尚博士的研究錯漏百出，他們卻沒有對當中明顯錯誤給予意見。他們說：「尚博士的論文是順勢療法在其 200 多年歷史上，最全面的一次剖析」，然而，它包括的測試只有八個，而那些測試在其他方面也似乎是不確定的。最重要的是，基於最不利條件研究而產生的結果，仍舊與「順勢療法不只是安慰劑」的結論沒有矛盾。在總共六個順勢療法測試的薈萃分析中，這個結果最為模稜兩

---

17 譯者註解：DARE 是唯一收錄經過嚴格審核標準、而又不能由 Cochrane Collaboration 出版的系統評論摘要資料庫，每篇摘要包括評論的概要暨品質評語，補充了 Cochrane Reviews 的不足。（以上補充資料參考自「香港中文大學大學圖書館系統」，http://www.lib.cuhk.edu.hk/Common/DataForm/DataForm.jsp?DFid=13&TypeId=23&Charset=big5_hkscs）

可，其餘五個都清晰展示了順勢療法正面的證據。[*25]

　　儘管這個推論顯然不成立，聲及安還是將他們的論點推演到第三步，這是個緊要關頭，他們即使沒有清晰的根據，但仍然繼續力撐下去，把論點由「沒有證據證明順勢療法有效」，演繹成另一種說法：「證據證明它沒有效用」：

　　「……說有堆積如山的證據揭示順勢療法療劑根本沒有效用，是完全公正的說法。」[*26]

　　他們似乎由「缺乏證據」（Lack of evidence）轉變為「證明沒有」（Evidence of lack），然而卻沒有辯解清楚他們論調中這個重要步驟。這是闡明科學證據時的一個常見錯誤。憑上方引述的句子可見，言論看似有信服力，但一經查看之後便看出缺失。那段陳述就像是一種不正當的偷步動作，要是這個評鑑正確的話，那麼他們論說中的所有步驟都似乎不成立。

　　他們對尚博士的研究也作出部分仔細分析，卻沒有說過任何關於那「堆積如山的證據」。我們也找不到對他們論點至關重要的證據，而且在那句子中有另一個重要字眼很容易會被遺漏：堆積如山的證據只是「懷疑」順勢療法無效，但究竟這懷疑是從何而來的？一個肯定的結論不能只是基於一個懷疑。儘管存在這些疑問，他們仍作出以下結論：

　　「很遺憾，深入探討順勢療法的研究都沒有辦法提供任何正面結論。」

　　就如他們剛才描述過的，尚博士的研究作出一個正面結論。誤差幅度仍然容許「順勢療法比安慰劑更好」的可能性存

在。聲及安對證據的評估、以及他們反對順勢療法的論點都顯然出現嚴重問題。他們有否遵照承諾以「嚴謹的態度」來評估順勢療法？這又是「訓練有素的科學家」該有之手法嗎？

此外，還有另一個問題值得評論，聲及安屢次指出順勢療法療劑當中，連活躍成分的一個分子都沒有，而且重複表示療劑不可能有用。順勢療法醫生沒有聲稱他們的療劑當中存有任何分子，順勢療法療劑根本不需要有分子存在，重要的是水分子結構會因為加能過程而產生變化，即使分子消失，這些改變依然持續。順勢療法療劑就是這種經過重新建構的水（見第五章）。

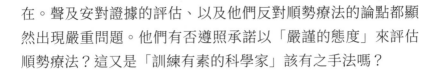

一名 54 歲男子患有復發性抑鬱症，發病週期是數星期發作二至三天。他會變得疲憊不堪，而且無法適應，伴隨由懸崖墮下的感覺。他的四肢感到疼痛和虛弱無力，要相當費勁才可移動，因此他感到十分絕望。平常時候即使面對期限和壓力也能精力充沛，但當抑鬱發作時就變得屈從和需要幫助。他開始服用白頭翁（*Pulsatilla*）10M 療劑，在往後一次抑鬱發作時，他感到情況比往常更能受控。兩個月後他說治療已經成功，那是 11 年前的病歷，他的抑鬱症再也沒有從前那般嚴重了。

白頭翁 10M 是一種來自銀蓮花屬的製劑，以百分之一濃度稀釋，並重複進行一萬次。在那一萬次的稀釋過程中，每個階段都需要震盪 100 次。此時已沒有餘下任何白頭翁分子，

但銀蓮花的某些特質不單依然存在，反而在這過程中被增強了。

如何理解順勢療法

多個不同範疇的科學已經發現和闡明，可以解釋順勢療法如何運作的自然現象，只是還未為公眾所知。很多順勢療法使用者不會要求得到一個解釋，無論如何他們就是接受。對其他人來說，一個廣義解釋如「療劑能刺激痊癒力量」便已足夠，他們不覺得需要一個科學解釋。然而，按照西方科學的分析方法，會需要更多解釋——因為必須知道療劑如何運作的「機理」。本書之撰寫目的，是把能夠提供此解釋的科學綜合歸納。

要令這個解釋更加容易理解，將順勢療法與一個眾所周知的醫療系統作對比會有幫助，例如：化學藥物——西方世界的主流醫學。

順勢療法療劑不會像以數量計算的化學藥物一樣，只影響身體的一部分或一種疾病。順勢療法療劑比較類似一種訊息——透過有機體的自我組織系統產生一種痊癒反應。療劑就是對這系統的一個刺激，它是一種資訊傳遞，作用就是重組身心的運作，達致一個更健康的模式。目的不在於助長或抑制身體任何單一功能，而是讓身體有能力以本身的功能作調節，並以自己的方式進行痊癒。它對整個有機體發揮作用，而非對抗單一症狀甚或一種疾病，結果會是整個系統的重組，當中包括症狀和相關疾病的痊癒。

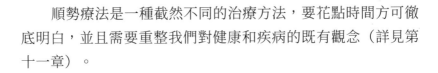

　　順勢療法是一種截然不同的治療方法，要花點時間方可徹底明白，並且需要重整我們對健康和疾病的既有觀念（詳見第十一章）。

　　順勢療法發揮效用的經驗，使人對其看來怪異的原則產生敬意。如同一位順勢療法醫生，更加深入探討那些原則，會發現順勢療法對疾病呈現症狀的解讀方式，以及療劑有效治癒疾病的相應方式，都展露著一套完美的邏輯。施行順勢療法之時，會根據一系列既深入且完善的程序，目的是要察覺當中的圖像。就像有經驗的植物學家能夠辨認各種花卉一樣，一位經驗豐富的順勢療法醫生，透過病人人生中錯綜複雜的事物，意識到那種療劑圖像，然後觀察病人對此種與其見解吻合的療劑產生反應。這並非魔術，而是順勢療法醫生經過多年訓練得來的精湛技術，以及長時間與自然對話而生的深奧智慧。他們會知道甚麼症狀應當仔細觀察，甚麼症狀可以安心忽略，以及如何引導每名病人自我修復生命。

　　順勢療法擁有一種內在一致性，只能透過經驗才能欣賞，但有時病人也可能一嚐箇中滋味。有時候人們在療劑綱目上閱讀到自己服用的那種順勢療法療劑，會驚嘆他們如何從中發現自己。好比在文學巨著中所找到借鏡一樣。這不但適用於較為現代的精神圖像，同時也包括肉體症狀的描述。接著就是那妙不可言的康復過程，完全自然發生，效果卻深層而又持久。對整個人來說，是一種真正的痊癒，疾病會透過全身性重整和康復而被掃除。要懂得欣賞所謂「無價值」的順勢療法，必須親身體驗，而不是憑藉愚昧膚淺的知識批判。這類一知半解的批評，在媒體錯誤報導的鼓吹下，變得越來越普遍。關於順勢療

法的流言，不斷在人們的耳際重複。也許這就是在不確定的年代中尋找某種「肯定」之一種徵兆。這與詩人約翰・濟慈（John Keats）[18] 描述的「消極感受力」（Negative capability）相反，他說：「我們有能力陷於不肯定、懸疑、惶惑裡，而不一定要為事實和道理焦急煩躁。」

案例十三和十四 CASE STUDY

一名 30 多歲的男子說他對順勢療法十分懷疑，但是他有疣的問題，並已試過所有方法。其中一顆十分巨型而且會痛，所以有些日子幾乎無法走路。在他開始順勢療法治療後的兩星期內，患處在步行時十分痛楚，然後症狀突然減輕。接著長有疣的地方正在脫皮，一天晚上他總共清除了六顆疣的膿頭。如今他說順勢療法治療消除了他的疾病，還有他的懷疑。

一位擁有 28 年偏頭痛病史的病人，在最近的 14 年內也受惠於順勢療法，他說：「偏頭痛是我生命中的災星，影響我生活的每個層面，包括我最愛的運動⋯⋯很多人對順勢療法十分懷疑，但我就是它有效的見證。」

18　譯者註解：英國浪漫主義詩人約翰・濟慈（1795 ～ 1821）有所謂「消極感受力」的說法——一般人在面臨兩種不同意見的爭論時，總是想儘快結束討論，找出誰是誰非、孰強孰弱。濟慈非常推崇莎士比亞（Shakespeare）能夠對問題持有不確定及懷疑的態度，對兩種相反的論點不急於驟下結論，這就是「消極感受力」。

第四章　對順勢療法的回應

> 「唯有親身經歷才使我們成為順勢療法醫生，我們都曾經抱有懷疑，但鐵一般的事實已擺在我們眼前。」
>
> 英女皇陛下前御醫
> 約翰・威爾爵士
> (Sir John Weir, 1879 ～ 1971)

普遍的療劑，不普及的理論

　　順勢療法是最普及的替代醫學，但同時也是最具爭議性的，而且時期長達 200 年之久。當這個療法剛被發現之時，很快就風靡全球，這使傳統醫學界感到不是味兒。其後西方科學的分析學發展，順勢療法背後的非分析理論在反對順勢療法的呼聲中節節失利。順勢療法創始人山姆・哈尼曼（Samuel Hahnemann）在順勢療法醫生心目中是個天才，但在反對者口中卻是個江湖術士。其實早在 200 多年前，他尚未發現順勢療法之時已備受爭議，因為他嚴責同業為病人放血及其他種種後來被同行公認為有害的做法。隨著順勢療法的發現及發展，這種衝突更是加劇。他是《藥學辭典》（*The Pharmaceutical Lexicon*）的作者，那是當時其中一本最備受藥劑師尊崇的文本，但卻極不受歡迎，因為透過他那非常細小的劑量，只能帶來微

薄的利潤。當他在 1843 年以 88 歲高齡離世時，他是歐洲人最想訪尋的名醫，但順勢療法仍得到如此侮辱：

「每個有理性的人都應該覺得順勢療法是一個活人的腦部內，曾遭受腐化而得出的排泄物。」

時至今日，順勢療法仍繼續牽起熱情支持及猛烈反對，但雙方的爭議卻少有地變得如此可怕。

順勢療法在哈尼曼死後繼續擴展。比方說，美國在 1900 年就有 9,500 名順勢療法醫生，佔當時全國醫生總數的 1/4。國內共有超過 100 所順勢療法醫院和教學中心，以及 1,000 間順勢療法藥廠。順勢療法的課程亦在波士頓大學、史丹福大學及紐約醫學院內教授。因為在民間迅速普及，於是美國西醫學會（American Medical Association）因此成立，從而迫使所有那些順勢療法機構相繼倒閉。由於順勢療法實在太成功，因此對手要將它摧毀。如今相似的橋段似乎又再度發生，因為順勢療法現正再次興起，並成為醫學界重要的一員。

儘管仍被譴責為不科學，順勢療法卻是一項世界性的完善醫療體系。英國皇室自維多利亞年代開始採用，當時順勢療法正由德國傳入英國。耶胡迪・梅紐因（Yehudi Menuhin）[19] 及聖

19　譯者註解：耶胡迪・梅紐因（1916 ～ 1999），美國猶太裔小提琴家，他同時也是一位指揮，其大部分演奏生涯都在英國。雖然出生在紐約市，日後卻也成為了瑞士及英國公民。1999 年 3 月 12 日在德國柏林逝世。

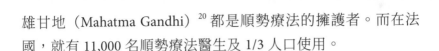

雄甘地（Mahatma Gandhi）[20] 都是順勢療法的擁護者。而在法國，就有 11,000 名順勢療法醫生及 1/3 人口使用。

近年來，順勢療法於千禧年間復甦達致巔峰，每年皆持續擴展。《紐約時報》（*The New York Times*）報導指出，順勢療法療劑於美國的銷售量，正以一年上升 25% 至 50% 的幅度增長。在英國，向順勢療法醫生投診的人次，一年亦上升 39%。[*27] 與此同時，科學家還是重複告訴我們順勢療法不可能有效，而且違反科學定律。

對順勢療法產生龐大需求是一種基層現象。在嚴重缺乏政府或其他資源下，順勢療法和其他天然醫療系統都以驚人的速度成長。根據杜比・梅碓（Toby Murcott）所述：它是「首個由病人主導的醫療保健方式」。[*28]

令人意外的是，1990 年美國境內，整個替代醫學界加總的會診次數，比傳統醫學的還要多（比數是 4 億 2 千 5 百萬對 3 億 8 千 8 百萬）。總共開支為 130 億美元，當中 75% 是由病人自行承擔的。英國雜誌《哪些？》（*Which?*）的報導指出，31% 病人說順勢療法治好了他們，有 51% 病人表示得到改善。同時，英國頂尖醫學期刊《柳葉刀》編者的話中卻問道：「物質經過大量稀釋，病人不可能接收到任何單一分子，但仍能保留治療活性？有沒有比這個概念還荒謬的東西呢？」[*29] 反對順勢療法的慣常說法，就是把任何觀察所得的成果視為安慰劑效

20　譯者註解：聖雄甘地（1869～1948）是印度民族主義運動和國大黨領袖，他帶領印度邁向獨立，脫離英國殖民地統治。他的非暴力哲學思想影響了全世界的民族主義者，和那些爭取和平變革的國際運動。

應。但刊登在另一期《柳葉刀》的文章卻表示，我們不可以用安慰劑效應來解釋順勢療法。《英國醫學期刊》內一篇文章的作者們說，如若當中的作用機理看來更合情理的話，我們隨時準備好接受順勢療法可以有效。

順勢療法被視為替代醫學，但它卻是我們醫療服務的一部分，以及英國國民保健服務的一部分。英國已有五家建立已久的順勢療法醫院及醫療中心，都由英國國民保健服務營運。位於格拉斯哥的醫院每年都接收 2,500 名新病人。調查顯示超過半數的英國國民保健服務普通科治療，都與替代醫學治療者聯繫。不過，有一家位於約克大學由政府資助的中心（國家評論及傳播中心），向英國國民保健服務提供調查數據及建議，指出順勢療法不是醫學而是魔術，諮詢順勢療法醫生的人是在浪費自己的時間及金錢，沒有證據支持英國國民保健服務應該推介順勢療法。

1991 年 2 月 9 日，《英國醫學期刊》發表一篇關於順勢療法的研究調查，指出在 107 個順勢療法對照臨床測試中，有 81 個顯示順勢療法發揮效益。可是，英國醫學會（British Medical Association）卻在 1994 年出版了一份報告，斷然排斥順勢療法。

這星期你可能在報章上看到一位有聲望的科學家譴責順勢療法，但到了下星期，你可能會透過擁有同等份量的消息源頭，獲悉一些完全相反的資料。

一個由大衛‧威利博士（Dr. David Reilly）於格拉斯哥進行的測試，證明順勢療法對鼻敏感（枯草熱）有效，並於《柳葉刀》[30] 內發表，可是編者仍然評論順勢療法是荒謬的。

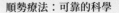

自 1989 至 1994 年間，順勢療法療劑在英國的銷量以倍數增長，一所全國性連鎖藥房 BOOTS 亦開始推出自家品牌，順勢療法是門正在發展的行業。在 20 世紀 80 年代的歐洲，其增長速率只次於首位的電腦業。順勢療法療劑易於使用，因此令它們在家中處理緊急狀況及常見疾病時大受歡迎。農夫及獸醫也會採用順勢療法，例如：順勢療法已被證實可有效控制牛隻身上的乳腺炎。就這樣一傳十、十傳百，連個人醫療保險計劃亦包含順勢療法在內。

我們一方面聽到現代醫學告訴我們，它們正在提供前所未有的優質治療，但另一方面，越來越多人選擇遠離它而轉向順勢療法。

在經歷 200 年的爭辯之後，雙方立場仍是天各一方，這定是科學史上最長久的一場爭論。

科學界嚴厲駁斥順勢療法，與越來越多民眾自願尋求順勢療法，並自掏腰包接受治療的現象相映成趣。科學和醫學權威反覆否定順勢療法，人們卻舉腳贊成表示接受。《電台時報》（*Radio Times*）於 1994 年就這樣說過：

「當科學家們還在糾纏爭論稀釋和加能時，順勢療法醫生們則在外改善人們的生活，公眾對順勢療法的需求從沒如此強烈。」[31]

順勢療法正以網絡的形式蔓延全球，滲透至不同的人和國家，好比一個反主流運動，有組織地成長著。

案例十五 CASE STUDY

　　一名騎師在使用順勢療法後，鼻敏感的情況得到改善，幾名騎師知悉後亦自行尋找順勢療法協助。其中一名 19 歲的年輕女子從小就患有鼻敏感，她表示眼睛以往會有「黏滑、有砂礫」的分泌物而使她發癢，現在卻覺得痛。黃昏時的情況較差，眼睛也會腫起來。順勢療法療劑 —— 小米草（Euphrasia）適用於症狀特徵為「黃昏時較差，同時伴有刺激性分泌物」的鼻敏感。病人在一星期後報告自己感覺舒暢，已有三天完全沒有症狀，再過一週後仍然感覺良好，而且哮喘也有改善。

史上意圖抹黑順勢療法的經過

　　多年來有無數人企圖抹黑順勢療法。過去就有研究員著手安排要拆下順勢療法的假面具，結果卻事與願違！他們一心想要在研究報告中推斷出複雜而又令人費解的議論，使順勢療法看來不合理，但結果卻似乎說明順勢療法是真實的。

　　其中一宗早期抹黑失敗的個案，就發生在 19 世紀初的美國。當時順勢療法剛從德國引進及風行全國。昆士坦丁‧赫林醫生（Dr. Constantine Hering）被某出版商邀請去調查順勢療法，原意是要揭發它是一場騙局。但是赫林的調查結果，以及原本要截肢的手得到痊癒，使他轉向順勢療法，並成為前期發展中的一位領導人物。赫林痊癒定律（見第十一章）到了今天，仍是每位順勢療法醫生所持的基本原則。

到了較近期的 2001 年，在貝爾法斯特大學的調查員打算解決順勢療法引起的爭議，於是由積奇士・本維尼斯特開始著手研究順勢療法——但最後反而越演越烈，因為他們所得的結果與預期相反（見第五章末）。從來沒有人能夠證實順勢療法沒有效用。

對順勢療法的態度

人們對順勢療法的觀感和評價，內裡充滿著矛盾和混亂。順勢療法支持者稱順勢療法似乎看來不合理而又非常不可能，但事實有效的確使人困惑。有目共睹的功效，比它看來是何等荒謬和魔幻此類問題更加重要。支持者大概認為至今缺乏合理解釋，只不過是展現了現時科學知識的限制。反對者則認為這很荒謬。

順勢療法其中最引人入勝之處，就是圍繞著它的矛盾既多且廣。它看來像魔術，但卻具有非常真確而又看得見的結果；它的原則聽來荒謬，但卻經得起時間洗禮；它是一種「邊緣藥物」，然而長久以來備受尊崇，許多公眾人物使用它；它看似無甚根據，但其書籍內容細緻，而且實在如百科全書般的質素。這些書本處處充滿著非凡的細節，有時更包含一些動人的人性描繪，例如，這段就是關於順勢療法療劑氧化鋁（*Alumina*）的描述：「病人是瘦的，不活躍，想要躺下，但這樣使他更覺疲倦。這療劑適用於纖弱的、進食人工嬰兒食物長大的兒童」[32]，但是把這些觀察通通連在一起看，似乎是難以理解的。於是引起科學譴責，但全球各地都有醫生和醫院使用它。順勢療法是把「不可能」變成真實，像是撲克牌中的小丑，可實行的

魔術，所以它才會如此令人著迷和誘人，具爭議性而又充滿魅力。

對於順勢療法醫生和病人來說，當它有效時就如使人痊癒的聖杯，因為只要對順勢療法療劑產生良好反應，就能帶來最強而有力的痊癒力量，猶如奇蹟一樣。可是，如果順勢療法醫生的知識和洞察力不足，因而未能找到最正確療劑，那就甚麼也不會發生，順勢療法醫生亦無能為力。

無論在不同角度及層面上，順勢療法都擁有令人著迷一般的特色——你摸不著邊際但證據證明有效；你看不到它但確實存在。

「沒有證據證明順勢療法有效」

在反順勢療法運動中，有人一次又一次地重複這論調，但這是不正確的，這刺耳的重複聲明如今成了企圖改變定律的基礎。

當然，部分順勢療法試驗會得出負面結果，這是預期之內的，因為大部分試驗在設計時已經對順勢療法持有偏見。順勢療法療劑必須按個別病情來選擇。

有些關節炎患者會痛得無法散步，有些人則因為太痛而必須散步。有些人晚上會覺得更痛，有些人則早上一起來便痛。就關節炎來說，還有許多其他個人差異，這意味著十個有關節炎的人可能會需要十種不同療劑。然而大部分順勢療法試驗都只會給所有人服用同一療劑。所以，大部分所謂的順勢療法試

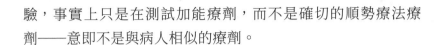

驗，事實上只是在測試加能療劑，而不是確切的順勢療法療劑——意即不是與病人相似的療劑。

　　順勢療法療劑的效用是如此強大，足以通過這些帶有偏見的測試方法，大部分的順勢療法試驗還是呈現正面結果。說任何對順勢療法有利的證據，經仔細審視後都變得不可信是錯誤的，甚至事實恰好相反。由尚博士及其團隊操作的順勢療法試驗薈萃分析，就是其中一個用來對付順勢療法的武器，然而最終也得不到一些監察醫學研究的機構接納。

　　一名 53 歲男性經常感冒復發，症狀在他服用順勢療法療劑烏頭後停止發展。在會診後發現病人是個水銀體質的人，自此每當他服用水銀療劑後，便會有一年或以上不再復發感冒。發生在其他時間的各種問題，例如牙齒膿瘡和玫瑰痤瘡，也在服用同一療劑後消失。

「順勢療法不可能有效」

　　也許對待順勢療法的其中一種最普遍態度就是「它不可能有效」，其原理對很多人來說是非常荒謬的，所以他們根本不會考慮使用。他們對順勢療法的態度不一，或駁斥或批評，以至一種較寬容的說法：「有人就是會有些傻主意，不是嗎？就看你怎樣想罷了。」

　　這些想法不論在知識分子或是沒受過教育的人、科學家或非科學家、以及對邊緣主意抱開放態度的人中都會出現。這完全可以理解，因為順勢療法的主張在初次接觸時會使人感到離奇，而其解釋也看來難以成理。其中一位重量級的順勢療法評論家就以此態度表達他的見解：

　　「順勢療法基於的荒謬概念否定了物理和化學的進步……所以當見到一些違反熱力學定律或否定所有物理、化學、生理學或醫學的荒謬見解時，一個真正的懷疑論者理應會以其封閉態度為傲。」[*33]

　　奇怪地，這正正就是本書支持順勢療法的論點！爭辯雙方都向最新科學靠攏以尋求支持──只是不同版本的科學而已。似乎科學可以用不同方法去詮釋。

「順勢療法破壞了科學」

　　順勢療法是否有效這疑問直搗科學的核心，因為它威脅到其中一些科學定律。例如，質量作用定律指出：一個物質的效應視乎參與反應的分子濃度。

　　《新科學家》[*34]雜誌報導：「如果順勢療法的效用是真的，我們可能要改寫物理學和化學的原則。」看來要科學家接受順勢療法，他們就要摒棄科學。順勢療法對很多科學家來說極具威脅性，順勢療法支持者深信這些偏見使順勢療法無法得到一個公平審訊。

　　看來有些科學家採取了以下姿態：「如果順勢療法有效，

我們將必須重新考慮所有我們已知的科學，因此它顯然沒有功效。」

我們知道現時通用科學的其中一個特色，就是反對它不能解釋的事物。科學態度實在不必如此，而且這更不是科學的最重要特性：可以有不同科學的可能性，一種態度更開明、少點偏見而又更合乎科學的科學。謙卑會是當中的優勢，唯有接受科學要通往真實的路仍然十分漫長。現時，科學傾向基於現存知識或近期發展，假設它已知道甚麼是重要的，而忘記了科學永遠不會知道所有事物。科學總是在發展，永遠都在擴展對事實的描述。這個過程在理解一般有形物質時取得了一點成就，但科學幾乎還未開始理解許多其他事物，例如：暗物質、暗能量（組成宇宙的最大部分）、人類的腦袋、人類的精神、意識……科學未知的比知道的還要多，被認定為「科學」的事亦不斷改變。

科學在最近數十年間發展迅速，以科學觀點為基礎來反對順勢療法的說法，現在亦變得無效。評論家以物理學、化學、合理性、邏輯及科學根據為名攻擊順勢療法。如今所有這些都變成支持順勢療法的理據，而推翻了之前的批評，試圖說順勢療法不科學的行動正在產生反效果。

一場科學革命正在發生，我們對物理學和生物學的理解都在改變，這些轉變已經與我們對現實的正常見解發生矛盾。如果物理學裡包含了海森堡不確定性原理、混沌和複雜性主義的話，那順勢療法融入物理學並不是太困難的事。科學正趨向順勢療法，順勢療法不再是以往那麼「不科學」。

加能法不時被人以科學之名揶揄，通常都是以一種把它曲解的描述為基礎。高度稀釋劑同時還要經過加能，及適當儲存於密封容器內才會有效。所以儘管有些科學家會害怕，然而將一瓶威士忌倒進牛津的泰晤士河裡，仍然是不會使倫敦醉倒的。順勢療法的另一個可怕主意——相似者能治癒，如果我們將人體想像成一個有反應的生命有機體而非機器的話，就會變得有理——一個有反應的有機體，甚至有能力對一種模擬疾病的療劑作出反應，進而在過程中治療疾病。

害怕改變也許是因為誤解一個轉變會改變所有：我們整個人生，我們整個文化。在順勢療法的案例中，有時反抗是基於害怕它會顛覆科學界。《自然》（*Nature*）期刊編輯說：「如果順勢療法有效，那麼所有科學教科書的內容將要重新改寫。」事實並不如此——書本只需稍作修改和額外加入一個章節。順勢療法是個特殊案例：調製順勢療法療劑的過程中應用了一些水的特性，然而這些特性直到近期為止，除了順勢療法界以外，仍是鮮為人知的。它們反映了一個新現象，但沒有否定所有科學，只是增加及延展了科學。固執地經常抱持反順勢療法的姿態是不必要的，還會惹起無謂的紛爭。

「我們需要明白當中的機制」

這是另一個對待順勢療法的普遍態度。上文提及過有關研究的調查指出：

「正面證據的數量……實在讓我們感到驚訝。基於這些證據，如若當中的作用機理看來更合情理的話，我們隨時準備好接受順勢療法可以有效。」

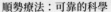

　　作者們似乎在說，結果顯示順勢療法是有效的，可是他們不能接受，因為他們不明白當中的機理。

　　如果科學家不能接受證據的原因，是由於它指出一些新觀點，一些他們不明白的事，那麼便會危及科學進展。「它不可能有效」是一種偏見。這個障礙是以科學之名樹立，卻與科學的第一原則——「不帶偏見去觀察事實」背道而馳。

　　似乎如果一個現象背後的機理不明，就會令該現象更難以被接受。對現代科學和西方文明來說，明白機理是重要的。這點有利有弊，如要駁回一些騙術和假理論，無疑會容易得多，但同時亦有可能駁斥到一些難以解釋卻又成立的現象。就如我們不知道蜂鳥如何在空中生活，但牠們繼續順利在花間飛舞。我們也不明白阿士匹靈何以有效，但卻照用不疑。我們不明白暗能量和暗物質，但宇宙仍舊運行。

　　我們活在一個以機械式包裝的時代，所以我們需要明白「機理」。機械式的思維使我們認為人類和世界萬物都像機器一樣，即使這想法如今在最近期的科學中已不受歡迎，它仍然左右著我們的視野及思路。威廉・貝克（William Blake）精確而又神秘的演繹：

　　「如果我們看到的都只是我們肉眼可見到的，我們會被引導去相信謊言。」

　　順勢療法超越了機械式科學。以超級理性的科學原則而言，順勢療法是不可理喻的。假設如果有一種療劑即使在沒有任何分子的情況下仍然有效，我們的整個世界觀便會顛倒。

　　事實上接受順勢療法並不會帶來那麼大影響，它為科學開展了新的可能性，而沒有破壞舊科學的一切，它可以有如科學進程中被納入科學知識之中。所有進步都由調查不尋常現象開始，就如順勢療法。不尋常現象會先被調查然後再解釋，生物學中有關磁力的研究在幾年前還被否定和揶揄，如今已是一個被尊崇的研究領域，生物磁學及生物電流也曾是「不科學」的，直到現在已變得「科學」。順勢療法不尋常之處，就是它是個特別富挑戰性的反常現象，而有關爭論已持續長達 200 年了。

　　試想想這個例子——一個「不可能所以不科學」的概念：很多人說在接近月圓時分會睡得不好，大部分醫生和科學家都嘲弄這個說法。他們否定觀察性證據，是因為沒有科學可以解釋它，這就是個基於「不可能發生」而被駁回的例子。但有可能是因為月球表面內裡某些東西受到太陽放射的影響，於是再放射出一些影響人腦的物質。太陽放射出電暴和微中子（無時無刻都有數以百萬計這些東西不知不覺地穿過我們）及很多奇怪東西，這些放射物中的部分反射和轉變都會影響人類睡眠。人們一旦知道現象的可能「機理」，在想法上就會對那件事更加認真，於是科學新知亦會被發現。

　　如果這真的發生，科學家就會慶祝這個新發現，而從前的瘋狂、有如趣聞、不科學及邪門的月夜失眠，突然間變得科學！但身受其害的人其實一早已知道此事。出乎意料的是，天氣常常都在月圓之時發生轉變，但這個事實同樣也被視為不「科學」。

　　順勢療法的問題其實就是科學的問題，西方科學史走到現

時這個階段，仍然相信順勢療法是不科學的，因此「它不可能有效」。因為現時的科學手段，有時候會違背真正科學的第一守則，所以順勢療法被錯誤批判。

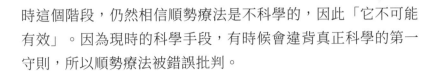

案例十七 CASE STUDY

一名女性全年都鼻敏感發作，眼睛不停流淚，而且常常打噴嚏。各式各樣的東西，例如：漂白水、灰塵、花卉和羽毛枕頭……都會令情況更差。她的眼睛在晚間發癢，但揉眼會令眼睛痛楚。

有好幾種療劑包括硫磺（*Sulphur*），都能覆蓋這種鼻敏感的症狀圖像，但她有一種不尋常的不相關症狀：晚上睡覺時有一種突然下墜的感覺。這種感覺曾在硫磺的驗證中產生，所以硫磺便脫穎而出成為她的正確療劑。當鼻炎每隔數月復發一次時，她都會服用這療劑，之後總會得到改善。在順勢療法中，任何健康問題都被視為病人的一個面貌，再結合病人的其他方面，指引出所需要的療劑。

「順勢療法超越科學」

這是部分順勢療法支持者的立場，他們說科學永遠不能解釋順勢療法，因為有些事物是超越科學的。但科學是個不斷開拓的過程，而且總是在進步。對水的科學理解有重大進步，意味著加能作用不再是「不科學」。我們可預期科學會一再改變，

到最後可解釋順勢療法的其他方面。科學的任務是去理解所有真相，包括順勢療法。即使現今科學解釋事物的能力，與真實事物還有上百萬年的距離，然而所有現實真相都是科學的。

駁斥順勢療法

順勢療法被人以科學名義，用各式各樣的手法提出駁斥，當中最溫和的算是只說「尚需更多研究」。事實上支持順勢療法的證據很強，根本無須再多的研究去證明它作為一個醫療系統的有效性。問題只是正面的證據都被忽視。

而當負面評價被刊登後，遂形成一股駁斥順勢療法的氣勢。科學評論報告可互相引用彼此的文章，於是建立起一種所謂「正統」說法，但卻不一定真確地反映現實。近年來在媒體上表示支持順勢療法是不流行的，而負面評價則逐漸變得平常，這跟十年前的潮流完全相反。對順勢療法作負面評價，如今已變得平常和趕得上潮流。

為了得到想要的負面結果，證據可能會被選擇性地採用，看來具說服力的論調，再加上一廂情願的想法，會比邏輯更為有力。這些文章只有很少科學根據，它們變成是意見的發表，但偽裝以事實的姿態呈現，有時還會積極地重複演繹。

科學的確立都需要長時間來轉變，因此傾向忽略不尋常現象。人類的轉變也很緩慢，由氣候轉變到虐待兒童，不論在教會或是其他地方，我們總會選擇逃避一些太令人震驚，或要我們在信念和行為上作出重大改變的事。不論是個人還是集體，人們都會憑藉一些特殊的曲解，來避免接受那些令人不安的事

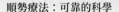
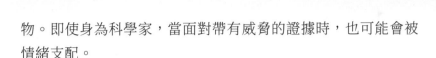

物。即使身為科學家，當面對帶有威脅的證據時，也可能會被情緒支配。

另一個例子是弦理論（String theory）[21] 對物理學研究的威力。擁有另類想法不會為年輕物理學家帶來美好前途。弦理論是不可證實亦不可否定的，但它卻主導著當代物理學，任何其他理論從一開始就被認為是沒有希望成功。

先觀察後解釋

順勢療法的批評者要求將解釋置於確切觀察之前，此舉好比人類自己畫地自限，排除了太多真實的事。無可否認，人類所知總是有限，沒有成見的觀察帶領我們超越舊有限制。若然在接受一件事是真確之前，就要求明白所有一切，這樣會導致文化上的思想貧乏，並讓科學陷於武斷和受到壓制。

順勢療法主要是基於事實，而非理論。所有順勢療法的原則都經由既長久又系統化的觀察所發展而來。就醫學而言，這是一個符合科學的方法。

「替代醫學批評家聲稱，因為尚未明白順勢療法的作用機制，而且有可能造成弊多於利，事實上他們都犯了雙重標準的錯。試問誰又知道阿士匹靈是如何減輕頭痛的呢？或者是電休克療法（Electroconvulsive therapy）如何舒緩抑鬱症？傳統醫藥

21　譯者註解：弦理論（又稱弦論），是發展中理論物理學的一個分支，結合量子物理學和廣義相對論，而成為萬有理論。弦理論用一段段「能量弦線」作為最基本單位，以說明宇宙裡所有微觀粒子（例如：電子、質子和夸克），都是由這種一維的「能量線」所組成。

造成傷害的潛力更大，因為它具有更強烈的化學及生理影響，而且勢力範圍也分布得更廣泛。」 *35

倫敦皇家順勢療法醫院院長——彼得·費沙醫生（Dr. Peter Fisher）說：「人們質疑順勢療法，是因為習慣性認為藥理學是分子化的。如果你把順勢療法療劑送去分析，藥理學家會說那是水、酒精和糖。但如果你把一片電腦磁碟（或現在的光碟）送到化學家手上，他會說那是氧化鐵和乙烯基。」

順勢療法的訊息被儲存在水中（給予病人的乳糖藥丸吸收了這種水），化學分析不能偵測這些訊息，就如化學分析也無法自光碟探測到音樂一樣。然而，只要是正確的療劑，生命有機體就可以探測到它（就像我們的耳朵可聽到光碟裡的音樂一樣），於是病人可以對療劑作出回應，從而改善健康。

案例十八 CASE STUDY

一名男性患有偏頭痛 28 年，說他已嘗遍市面上每種產品但仍束手無策。自從開始使用順勢療法後，現在已可長時間不受困擾。偏頭痛通常每年復發兩次左右，當他重複服用順勢療法療劑後又會再次康復，這情況已維持了 14 年。最近一次服用了另一療劑，他已整整一年沒有復發。

該療劑就是矽，巧合地這療劑的來源，與電腦半導體（作用是儲存我們的資訊）中很重要的元素相同。

個人經驗

當科學的轉變到來，人們就要面對一次不受歡迎的信念重組。重大的改變正在科學界發生，威脅著一些恆常已久的理論，這不僅關乎順勢療法。假若大爆炸只是微不足道地提前或延後發生，宇宙也許會被炸開或倒塌。很多其他的物理過程都很精密，就似是設計好的。結論就是：這是一個聰明的設計，一個科學假設暗指宇宙是設計好的，而且還有幾分像神，對很多科學家來說，這是不可接受的。除此以外，假設有其他不同的宇宙存在就是另一個可能。

科學進展令我們重新建立看待事物的方法，科學革命卻可以使人飽受威脅。也許如今發生的根本改變，正在惹起一種反對轉變的後座力。極端保守的態度可能具有重大影響；在科學改變的早期階段，都是未成形和未證實的，所以容易受到批評，證據有矛盾，解釋未完善——但嶄新意念對於進步是必須的。相對地「不科學」的洞察力或靈感對於科學來說是必要的，尤其在這個創新的階段。即使有時不太情願，但科學本來就是取決於人類的視野究竟有多遠。

信念會不幸被捲入科學之中，而信念除了因個人經驗外，亦會受理性爭論影響。有關順勢療法不可能有效的信念，不會輕易由於了解其原則和理論後而改變。信念的改變是源自順勢療法一次又一次見效，而又找不到病人康復的其他原因。就如約翰‧威爾爵士在本章的起始所言：事實擺在眼前。

作者的經驗

我個人對順勢療法的經驗就是個改變的例子。多年前我出席過一場順勢療法講座,但我中途離席了:因為整件事看來多荒謬。幾年後,我住在一個小農場裡,有一隻生病的牛,獸醫束手無策。一位朋友聽說了,帶著一個咖啡色信封來找我,裡面裝著一些白色小藥丸。她指示我如何給牛服用。我認為那是個引人發笑的古怪做法,不過我照辦了。我餵了一顆小小的白色藥丸給牠,隔天早上我就要作個決定,牠的膝蓋骨移位問題已復發了幾星期,而且情況越來越惡化。如果躺得太久,牛的消化系統很快就會出問題,而我的牛在那時已有數天無法自行起來了。

第二天早上我去到牛棚,牠卻不見了。於是我往外面看,只見牠慢慢地步過田野吃草,擺出一副有甚麼好稀奇的樣子。但我真的很驚奇,並對我朋友的古怪做法留下極深印象。牛在數天後需要再次服用療劑,而下一次重複劑量的時機則是牠分娩時。除此之外,膝部問題沒有再復發過(療劑為*毒葛*)。

我當時還是未能信服順勢療法的理論,但有過這次經驗後我的懷疑減少了。它就似魔術一樣!那些內裡甚麼都沒有的小丸子如何治好牛隻呢?這不是安慰劑效應,而且服用療劑後不久便康復。然後我在自己孩子身上試驗順勢療法療劑,成功率很高。與其懷疑它為何有效,我情願開始投入探究如何使用得更有效果,每當面臨治療失敗時,我會更深入探討尋找與疾病完全一致的療劑(針對每一個案)之方法。原先我對它完全懷疑,就像 10:23 的抗議行動人士一樣,不過強而有力的事實卻

擺在我眼前。

當肉體創傷造成的極度痛楚，在服用療劑*山*金車（*Arnica*）後幾分鐘消退，以及有小孩在服用*顛茄*（*Belladonna*）幾分鐘後，高燒便開始降溫（當顛茄為正確療劑），為了迎合這個新遇見的事實，我們的信念必須調整。當順勢療法在有需要時提供解決方案，而且一再展現令人意想不到的效果，人們就會轉變。

懷疑或批評順勢療法的人，當他們經歷過順勢療法有效的經驗後，我相信，他們的觀念會因此改變，就如我也被迫改變一樣。對於意外和急性疾病的治療會給人留下最深刻印象，因為效果會在短時間內發生。當然必須服用正確療劑，產生的結果才會令人欽佩。那順勢療法的真確才會成為一種經驗。通常，一種順勢療法療劑是個別針對病人而非疾病，所以只有很少選定的慣用療劑，除了幾個例外：*山金車*是對身體創傷的主要療劑，而且很快見效。開明的讀者可以在跌倒或瘀傷、又或因身體創傷而受驚時試用*山金車*，成功率就會很高。相似的例子就如在燒燙傷時使用*斑蝥*（*Cantharis*）。兩種療劑都是以藥丸方式內服較為有效。

當順勢療法發揮功效，過程中的力量和巧妙會斷絕理智上的疑慮。當一個毛病以順應天然的方式被治癒，而且是親身經歷的話，順勢療法會變為事實，而不是理論。身體會帶領頭腦去接受一直抗拒的事，那麼需要解釋的問題就會變成次要。當我們由衷知道順勢療法有效，我們的思維在經歷一場無濟於事的狂怒之後，終會屈服於事實之下。

　　當我在醫院治療病人時，有好幾次遇到有趣的回應。有一次，一名險些流產的女病人在服用順勢療法療劑後，無意中聽到一名護士說：「療劑發揮功效，但我們不知道它為何有效。」另一名情況嚴峻的病人在服用療劑後，護士對他說：「你整個系統都好起來了。」這些都是很好的觀察性證據，由獨立、沒偏見，而又具有相關技巧的觀察者提供。數以百萬計的這類報告，已收錄在世界各地的順勢療法醫生和西醫病歷記錄中。雖然只被視為觀察性證據而被駁回，但卻是具有病歷支持的臨床記錄。

　　有時候，這些健康專業人士可能會搞不清楚，甚麼是順勢療法療劑的作用，甚麼是疾病的自然變化或結束，然而這不太經常發生。他們有時可能會低估安慰劑效應的力量，不過順勢療法對安慰效應有透徹理解。偶爾，病人在服用順勢療法療劑後再接受其他醫療措施，而因此改善，不過，絕大部分個案的記錄均顯示情況並非如此。

案例十九和二十 **CASE STUDY**

安慰劑效應

　　案例十九：一名母親幾乎要發狂了，因為她九個月大的嬰孩需要協助，他正在出牙，無論怎樣安撫也在尖叫，而且整天都要人抱著。綜合其他症狀，指出這嬰孩需要甘菊，一種經常用於處理出牙問題的療劑。母親趁著嬰孩叫喊而沒注意到時，將幾粒療劑投入嬰兒口中，過了幾分鐘便停止哭鬧，然後安穩

睡去。順勢療法的批評者如果仍堅持這些反應是安慰劑，甚至說是因為母親的期望，而促成安慰劑效應的話，那真的是不切實際。

　　案例二十：一名 25 歲女性因情緒過敏而尋求順勢療法協助，特別是在經期前。她的自信驟降，而且很容易過分受他人意見影響，她變得十分沒有安全感，會失控地哭泣，這影響著她的工作和人際關係。第一種療劑在頭幾星期稍有幫助，第二和第三種療劑則完全沒有作用，在轉用第四種療劑後的三星期內，症狀逐步減輕，直到她顯著好起來，安慰劑效應會同樣適用於所有這些處方上，第一種療劑產生的輕微效果可能是安慰劑效應，在經歷兩種起不了作用的療劑後，安慰劑效應在最後的處方中可以被排除。

第五章 稀釋不是妄想

本章旨在顯示水確有順勢療法所要求的超凡特性，現在可以科學地偵測到加能法為水中注入的「能量」。

水的科學

　　水看來是那麼平凡和不起眼的物質。一些在自然界那麼充裕而且廣泛被人類使用的東西，一定已被透徹了解，該沒有甚麼神奇吧？事實非也，水的科學才剛開始。

　　科學家一向視水為一種相當惰性的物質，所以只會研究溶解在當中物質的效應，而非水的本質。在科學上，甚或日常生活中，水都被視為理所當然。可是理所當然的事，有時也會引起我們注意並帶來驚喜。就如水一樣，科學界近來開始研究水，去找出它如何在我們日常生活中履行所有職責，而科學正在揭露一些驚喜。

　　水是無色、無味、無臭的。也許因此予人一個溫和、惰性的印象，然而它卻是唯一一種可以在常溫中轉化成固體、液體或氣體的物質。有如科學家所說的：「水是地球上供應最充裕的液體，卻同時是最奇怪的。」

「因為常常接觸，我們傾向忽略了一個事實，水是一種總體來說很特別的物質，它的特質和行為都與其他液體不相似。」[36]

「所有生物行為和大部分無生命的世界中，都與這液體的特殊性質有著不可分割的聯繫。」[37]

水令人驚奇的特性

水在我們生活中有很多角色，每一個都分別來自其萬變的不同特性。我們喝它、用它清洗、煮食。它把熱帶到我們家中，我們用水來沐浴，也航行於水面，而通常也不會多想。

水令人驚奇的行為確有不少，以下是其中數項：

大量物質可被溶解於水中，它也可使分子和十分微細的粒子處於懸浮狀態或呈膠狀，這些可以是液體或膠狀液。水的角色，在日常生活中可作為很多物質的溶劑，令它成為生物有機體的必需品，水是「唯一一種溶劑，能夠滿足大自然最緊密機制中，那精細的需要。」[38]

它是在正常溫度下唯一天然存在的無機液體。

組成水的元素：氫和氧，兩者都是不尋常的活躍。

與正常的物質行為不同，固態的水比液態的水輕大約10%，所以冰是浮起的（水在攝氏4度時密度最高）。水因為

擁有此特性 [22]，而變得獨一無二。浮冰令下方的水保持溫暖，令海洋不會結冰，同時海洋生物亦不會因結冰而死。因此，生物仍可在冬天的海洋或寒冷氣候裡的湖泊中生存。這對地球生物的進化起了關鍵作用。如果不是有此特性，有些湖泊和海洋可能會終年結冰，當解凍時就會有幾層液態的水在頂部，因為冰會下沉而永不融化。

　　水能吸收、保留和釋放大量熱力〔即是：它的比熱（Specific heat）是十分高的〕，這可減低溫度、天氣和氣候的起伏。同一道理，它會被應用於中央暖氣系統。它最不尋常的是，能在低溫時發揮最顯著的吸熱能力。如果水不能儲存和釋放那麼多熱力，溫度便會胡亂浮動，威脅生命的存活。

22　譯者註解：經實驗測定——在實驗室環境下（實驗室標準溫度設定為 20±5℃，相對濕度保持在 50 ～ 70%），純水在 4℃時密度為最大，而體積最小，當溫度高於或低於 4℃時，水的密度會變小，體積會變大。這個性質對於寒冷地區的水族生物非常重要，因為當氣溫降低，水面溫度也開始下降，直至水面溫度逐漸降到 4℃時，表面的冷水會因密度增大而下沉；但當溫度下降到 4℃以下即將結冰時，溫度較低的水由於密度較小，而留在表面不再下沉，因此，水會從表面開始結冰，而底層的水仍能保持在 4℃左右，讓水中的生物維持生命，渡過寒冷的天氣。到了夏天，湖水受到陽光照射時，表層的水溫上升而同時密度變小，水溫較低而密度較高的水則留在底部。
表中所列的水密度，為不含有空氣的純水在標準大氣壓（101.325kPa）下的密度值。

溫度 /℃	密度 /（g/ml）
0	0.99984
4	0.99997
25	0.99704
50	0.98804
76	0.97424
100	0.95836

水的這種以及其他許多特性，對我們身體內部十分重要，它讓熱力、營養素及廢物在我們體內運送。

水的潛在熱力亦十分高，所以在形成和冷卻蒸氣、結冰和融化的過程中，也會有大量熱會被吸收和釋放。

水具有多種不尋常的特性——總共約有 60 種之多。直到現時還有很多未被科學研究。即使那些與順勢療法沒有直接關連的範疇，亦揭示了水是一種何等非凡的物質。水似乎違反了從其他液體和物質上取得的科學定律，科學實在需要作出配合，以接納水的特性。

水是高度不可壓縮的液體，只要數滴便可使引擎自我摧毀——但水在處於低溫時會變得較能壓縮，而大部分液體則是處於高溫時更能壓縮。

水對於熱的反應只會造成稍微擴張——比一般液體少二至三倍。事實上當它在凝固時反而膨脹，而且於相對較高的溫度凝固（即結冰）時，水就已經違反了物理學。它「應該」於攝氏負 46 度沸騰。[23]

水有著差不多所有液體中最大的表面張力，因為氫鍵在水的表面黏合形成一層「皮膚」。表面張力解釋了毛細管作用，所以樹液上升，岩石會被侵蝕而形成泥土。

23　譯者註解：水分子之間有額外的氫鍵引力，如果把氫鍵的力量剔除，那麼水的沸點就應當是攝氏負 46 度。

水恆常不變的絕緣性質 [24] 有著很高價值，它令活細胞內部可以有很強（但也很狹窄）的電場，這對生命來說是必須的。

也許水是跟智能設計的問題有關，它完美地融入使得生命變得可能，實在令人好奇何以會如此。

即使在無機的過程中，水仍然擔當一個令人驚奇的角色。超能膠之所以有效，是因為它與水接觸後所產生的分子結構變化，即使在「乾燥」物件上只能僅僅找到微量的水。

當流動時，水自然會有其節奏，我們可以透過海浪、水滴、脈動、水流等觀察而得知。受污染的水可因水流的韻律而回復正常，沉積的污染物在正常情況下會被分散。

水若受到電磁輻射的處理，就會帶有新的特性，容易敏感的人可能會對於這種處理過的水有過敏反應。[*39]

當被伸展時（於管內）或冷卻到冰點以下時，水的異常特性便會增多。水能夠溶解很多物質而形成溶液，所以它可以把營養素運送到身體各處和每個細胞。所有這些水的特性，對地球上生命的出現與延續都極為重要。

雪花這種水的形式非常引人入勝，它們可以產生針狀、柱狀、碟狀等等外形。美國研究員威爾遜·艾爾溫·賓利（Wilson A. Bentley），人稱雪花賓利，他一生也為拍攝雪花而貢獻，他

24　譯者註解：電導率（Electric conductivity）是物質可以傳導電子的性質，按照物質具有電傳導性質的強弱，可把物質分為導體、半導體和絕緣體。純水（即是不含雜質、細菌、電解物的 H_2O）的電導率等於零，因此具有絕緣性質，這種狀態的水，有別於日常生活中接觸到的飲用水、自來水、井水、河水及海水。

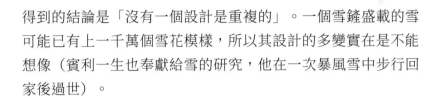

得到的結論是「沒有一個設計是重複的」。一個雪鏟盛載的雪可能已有上一千萬個雪花模樣，所以其設計的多變實在是不能想像（賓利一生也奉獻給雪的研究，他在一次暴風雪中步行回家後過世）。

雪花是在空氣中降下時形成的，水蒸氣的分子於一個大氣中的粒子周圍集結。通常每個雪花都有六個對稱的角，但其增長的速度和形狀，就要看它們是如何旋轉，以及分子如何黏在一起，而這些過程又要視乎大氣中的條件：風、濕度、氣溫和污染⋯⋯剛在冰點以下就會形成平版狀，再低（攝氏）10度就會是柱狀，這就是雪何以有不同形狀的解釋。就每一種類而言，都會因著這些不同的條件而形成看來數之不盡的雪花變化。新鮮的純水能形成 60 度角的星形晶體，而劣質水則會形成 90 度角。

一個雪花可含有一百萬個冰晶，由 10^{20} 的水分子組成。雪花之所以能夠如此多變，是因為水分子可以很多不同方式互相連結，氫鍵可解釋這現象：

「正正是⋯⋯在冰水分子當中，氫和氧原子之間的電子連結，決定了我們看到在冰晶中的既定圖案。」[*40]

雪花會被融化和再度結冰，並恢復其原有的結構。賓利寫道：「當一個雪花融化後，設計便會永久消失。」可惜現在我們不能認同他的觀點，雪花能於融化的水中保存其獨特的分子結構（這帶出了在融化後的水中，或可得出完全相同雪花的可能性，以我所知這問題暫時仍未被研究）。

「最大的疑問是，何以雪花是對稱的？每一個分支都是相同的？就似是每一個分支都知道其他分支在做甚麼，然後作出相同舉動。」[41]

生物學家魯伯特‧謝爾瑞克（Rupert Sheldrake）以此作為例子，指出一個只可以形態共振解釋的現象，當中每種物質或生命體都有一種形態生成場，以賦予其形狀。

這個於融雪後重現的相同結構跟順勢療法有著聯繫，與順勢療法的加能法十分相似，水分子之間的結構受到溶解於當中的物質所影響。兩個現象都顯示了水能儲存資訊，也就是說——「水是有記憶的」。

科學正在發現一些幾年前尚未想像過關於水的特質，當中有很多是不能解釋的。我們如今觀察到許多水的行為模式，但仍無法解釋。已出現的解釋都證實水是有記憶的，現有對水的科學解釋令順勢療法變得可能，本章餘下章節會描述當中的始末。如果現時對水的研究持續，順勢療法將會得到更多的科學肯定，直到變成無法否定，而新的發現總是經常在發生。

加能法的過程

順勢療法的加能法涉及藥物在水中稀釋和震盪。當療劑被稀釋的同時，也經過震盪，也就是說，它們以預定方式和既定次數被猛烈震盪。通常藥物會以 1/100 的濃度被稀釋，然後震盪 100 次，這就形成了 1C 層級的療劑，程序會重複多作 5 次，以百進位的比例製造出 6C 層級的療劑。這就是最常用的最低層級之一。重複稀釋 30 次就會得到 30C 層級，但層級仍

然是相當低。到達第 200 次（200C）、第 1,000 次（1M）及第 10,000 次（10M）時，才算是較高層級。

即使是不能溶解的物質也可以被加能。順勢療法療劑矽本來是燧石，為二氧化矽的其中一種天然形態。首先把它碾碎成粉末，然後與乳糖碾磨三小時，憑經驗發現這程序可以使它有如其他可溶解物質一樣被加能。從這製劑中取出 1 份與 99 份水混和，然後震盪，每次重複這程序都可以將療劑層級往上調整一級。

這個看來絕不花巧的方法把我們帶進科學新領域：極端稀釋。順勢療法認為當療劑已被不斷稀釋到沒有分子時，仍會有其效用。近期對水的研究亦顯示了多種現象可解釋加能法，而同時物理學亦提供了使加能法可行的新見解。加能法就是將物質稀釋到一個超越個別分子的程度，使得物質的印記能在水分子結構中留下。

這個過程仍未被充分了解，但本章餘下章節會繼續描述有關水較廣闊的特性，這已涵蓋了與加能法相關的特性。

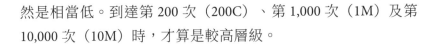

案例二十一 CASE STUDY

一名懷孕婦人有噁心的症狀，並感到暈眩。而且自從她母親去世後，就出現了睡眠問題。這些問題加起來的特殊組合指出病人屬於氯化鈉（*Natrum muriaticum*）體質，意思即是氯化鈉能對整個系統起到作用，並能從根本治療那些問題，即使

當中氯化鈉與病人的聯繫仍未被了解。

　　這個例子同時展現了加能作用的效應。氯化鈉是食鹽，普通的鹽。但進食普通的鹽不會帶來幫助，但透過加能法可把它製成藥劑，並對適用的人產生深遠影響。經過服用氯化鈉200C 一星期後，一切都好起來了。

　　六年後她出現消化系統問題，包括再次噁心，以及週期性的情緒問題等。在服用相同療劑後，所有症狀又再好起來，說明改善是因順勢療法，而非巧合。

當少即是多

　　我們很容易就相信科學已經了解或幾乎了解一切事物，因為到處都在熱烈地宣傳著那些最新發現。不過，事實是科學理解的遠比我們時常以為的少，就如我們最近對水的理解就可以知道，水的科學仍在嬰孩期。

　　「有時候似乎我們從實驗中知道得越多，我們越發現對這重要物質的微觀特質知道得越少。」*42

　　我們了解到對於水，需要知道的還有很多。以目前的科學角度來看，水在很多方面仍是個謎——就似順勢療法那樣神秘。

　　如果我們記得水所能做到的超凡之事，而我們卻不能理解當中道理的話，那麼順勢療法倚重的——將藥物置於水中極度稀釋的作用，逐漸會變得可能和不再那麼魔幻。

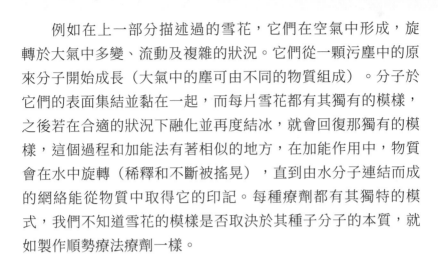

　　例如在上一部分描述過的雪花，它們在空氣中形成，旋轉於大氣中多變、流動及複雜的狀況。它們從一顆污塵中的原來分子開始成長（大氣中的塵可由不同的物質組成）。分子於它們的表面集結並黏在一起，而每片雪花都有其獨有的模樣，之後若在合適的狀況下融化並再度結冰，就會回復那獨有的模樣，這個過程和加能法有著相似的地方，在加能作用中，物質會在水中旋轉（稀釋和不斷被搖晃），直到由水分子連結而成的網絡能從物質中取得它的印記。每種療劑都有其獨特的模式，我們不知道雪花的模樣是否取決於其種子分子的本質，就如製作順勢療法療劑一樣。

　　無論如何，就已知的水特性，已能確定水有能力讀取和「儲存」溶解於當中物質的模式。

高度稀釋劑效用的科學實證

　　科學家正在繼續討論，究竟水是否具有順勢療法要求的特性，而當中並不缺乏證明高度稀釋溶劑效用的證據。

　　甲狀腺激素在人體血液的比例是 1 比 10,000，甚或是 1 比 100,000,000，任何改變都會是場災難。

　　動物會被極少量的荷爾蒙、酵素和其他物質影響的例子有很多，例如：即使在遠距離，昆蟲也會被異性發出的極少量費洛蒙（Pheromones）所吸引；而在海洋世界，鯊魚能探測到極其少量的血液。

人類嗅覺能嗅到 500,000,000,000 份空氣中的一份丁硫醇（Butyl mercaptan）。可是，順勢療法的層級比這稀釋度還要高——它們是極端稀釋：大部分樣本內沒有任何分子。

案例二十二 CASE STUDY 🔍

一名女性在經歷更年期時出現情緒變化，她變得悲觀、易怒和沉默，而且總是想獨處。她的睡眠亦受到影響，她感到頭痛，感覺沉重得像有一塊磚頭在體內。在服用墨魚汁（*Sepia*）200C 後，情況改善了四個月，但之後再服用墨魚汁 200C 卻未有轉好。於是服用墨魚汁 1M（即加能 1,000 次），則好轉了六個月。在經過墨魚汁 1M 的下一輪處理之後，部分問題只在壓力下再出現，但很快就康復。

這個案顯示了高層級療劑的效用較強，1M 比 200C 的稀釋次數為多，但療效卻更為長久。

水的記憶

金屬線具有記憶——它能重現其曾被彎曲過的形狀，這特性被應用於衛星的天線。

「天線內含有能記下形狀的合金，於高溫實驗室內製造。在冷卻後將天線折疊，再放於火箭內。當打開火箭並將天線加熱，它又會變回原有的形狀。」[43]

電池會記下它們之前是如何被儲電的資訊，也許水有記憶並不是那麼令人驚奇的事。在 1985 年就有科學家說過：

「對於水的大量物理特性，我們仍難以用 H_2O 內的分子結構去完全解釋。」[44]

20 年後情況仍然是差不多：

賓夕凡尼亞州立大學的物質科學家魯士圖‧羅伊（Rustum Roy）說：「是時候為水的科學觀來一個翻天覆地的全面檢查。」他指出物質的特性可由很多因素決定，而不一定是其成分。

「說化學成分主宰一切是荒謬的，就以碳為例——相同原子可以形成石墨或鑽石。」[45]

儘管是同樣的化學成分，石墨和鑽石之所以不一樣，是因為當中分子結構不同。可是，水即使看上去沒有轉變，也會有不同的分子結構，雖然大部分分析和研究方法中看來仍是一樣，但水分子結構卻可以經歷多種改變，相比起其他物質，水能在不同分子結構之間轉變得更容易。

在另一篇文章內，羅伊及其科學家團隊要求重檢水是有「記憶」這個主張，他們說：「要漠視順勢療法等於是天真地以一本中學化學教科書來看這事情。」

「他提出水已證明了它能夠進行超越一般簡單的化學作用，而那些作用可灌注記憶於水中。他說其中一個可能性是由於取向附生（Epitaxy）：利用化合物中的粒子結構作為一模板，再把同樣的結構複製到別處。」[46]

　　取向附生可見於電腦業的完善半導體晶體生產過程，矽的晶片是把來自一種物料的結構資料，轉移到另一種而形成的，當中並無物質轉移，也無化學作用。

　　取向附生亦可應用於水，例如在雲的催化[25]過程中，把一種物質的分子結構轉移到另一種物質上，而沒有轉移任何其他東西，這正是加能作用中所發生的事。

　　羅伊及他的同事亦指出，主流科學家急著要消滅順勢療法而忽視的另一重點是：劇烈搖晃混合液的過程，稱為震盪。羅伊的小組估計透過搖晃所產生的震動波，能引發水的內在壓力到超過 10,000 大氣壓力，可導致水分子特性產生根本變化。

　　「羅伊相信認真對待順勢療法，可使科學家從中了解更多有關水的基本特性。」[*47]

案例二十三 CASE STUDY 🔍

　　這案例是關於一名有高血壓的男性。在接受西醫治療之前血壓為 240/140，現在則是 190/100。早上會出現頭痛和暈眩，起床時曾經倒臥在床上。任何時候他都會感到可能虛脫倒下，而且在彎身時會跌倒。他的血壓治療令他更覺冰冷：在開始前他只會覺得太熱。例如：晚上他會把腳伸出床外，或喜歡完全

25　譯者註解：雲的催化（Cloud seeding），或稱為人工降雨（Rainmaking），是指在天空中有雲的情況下，通過人工手段催化降雨。一般是通過降低雲層中的溫度，使雲中小水滴凝聚形成大水滴，從而實現降雨。

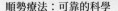

不蓋被子睡覺。這位男性相關於順勢療法的其他特徵，是他對於食物的喜好──他討厭吃蠔，但喜歡蘋果。在服用硫磺 1M 的 5 週後，他的血壓降至 175/85，同時頭痛、暈眩及其他好幾個不相關的症狀也改善許多，他對自身的感覺亦良好了。

以上描述的硫磺療劑，是以硫磺的粉末提煉，也是一種常見的元素。

水的結構

直至近日為止，大家都假設液體和氣體都沒有結構可言，但現在卻發現液體是有結構性的。在水裡面，分子都是以氫鍵結合網絡來聯繫──而不是由個別單獨的分子組成，每個水分子內的氫原子，會與鄰近分子的氫原子連結，大家普遍認同水的異常性質，是由於氫鍵結合的關係。形成和打破氫鍵都是水的主要特性，不過仍未被充分理解。每個水分子會構成四個氫鍵，所以水會變得很「黏」，而且容易與其他物質產生鍵結。

水分子之間的化學鍵結，比正常鍵結還要弱 10 倍，所以於室溫亦可被拆解及重組。

「不過這並不是個靜止穩定的排列，因為水分子的氫鍵結合轉換得極快，就在萬億分之幾秒之間。所以整件事不但是高度結構的（一個單獨大型的氫鍵結合結構），而且有高度流動性，因為氫鍵的打破和重組都是以光速進行的。此外當中亦包含某種合作關係，因為構成或打破一個氫鍵，會影響鄰近的結合或分解機會。這些過程為甚麼和如何發生，仍是關於水的一

個謎團，要從實際層面描述和制定水的結構模型是很困難的。」
*48

　　《新科學家》的一篇文章，解釋了水何以會有這種黏著力
之科學特性，這是介於物理學與化學之間的論調：

　　「所有影響水分子的鍵結，歸根究底都是由量子效應引起
的，但氫鍵卻是其中一個最奇怪的量子效應所得之結果：就是
所謂的『零度震動』（Zero-point vibrations）[26]……這些震盪拉
扯著氫原子與其宿主氧原子之間的鍵結，讓它們與鄰近分子更
易連結，結果這種有高度黏合力的液體，使我們的星球保持活
力。」*49

　　知道水能形成水合層已經有一段時間——也就是說，水
的分子在溶解物分子的周圍形成結構。數十年來有些科學家都
相信，當這些物質消失不存在時，那個結構仍然存在。水分子
都喜歡集結成群，當中的分子相互連接，形成區域性的合作陣
營，或稱為水的內聚力（Coherence）。水分子之間的氫鍵以
連鎖反應構成和瓦解——一個鍵的斷裂會導致鄰近的鍵瓦解，
而一個鍵的構成亦會導致更多鍵的建立。這樣分子團簇之間的
合作關係形成、分散而又再形成。這些水分子團簇是易受影響
的，它們會受到與之接觸的東西影響，並在特殊情況下，以水
分子形成那物質的排列以取得其訊息，如此一來，水分子很容

26　譯者註解：溫度是粒子運動激烈程度的一個指標，這裡說的「零度」，是熱力
　　學所定義的最低溫度，相等於攝氏零下273.15度，這個溫度稱為「絕對零度」
　　（Absolute zero），在理論上，此時的原子或分子均處於完全靜止狀態，不過，
　　絕對零度是僅存於理論的下限值。微觀世界的物理學理論「量子力學」，則表示
　　原子不可能完全靜止不動，即使在絕對零度，原子也有某種震動，稱為「零度震
　　動」。

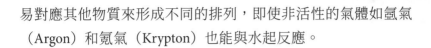

易對應其他物質來形成不同的排列，即使非活性的氣體如氬氣（Argon）和氪氣（Krypton）也能與水起反應。

　　一團水可被視為一個統一的動態分子結構，因為分子通過氫鍵結合連接在一起。在正常情況下，這些鍵結會不斷被打破和重組。

　　普通的液態水是一種以氫鍵隨機聯繫的完整網絡，這個四面的網絡本來就是不穩定和不統一的，這令水具有特別的性質。當加進一點東西時⋯⋯額外的分子可「催化」氫鍵網絡的重組。[*50]

　　這解釋了水分子結構對其溶解在內的東西之敏感性。

　　「⋯⋯水分子的綜合體沸騰時，就是不斷的打破及重組氫鍵，每一瞬間便有數億次，所有這些活動也會受氣溫、溶解於水中的鹽[27]和氣體大大影響。」[*51]

　　「分子在溶解後不會只浸沒於水中；它們會重組附近水分子的結構。」[*52]

　　順勢療法示範了如果溶劑同時被稀釋和震盪的話，其重組的延伸會更大。之後重組會擴展至所有份量的水，以及新加進去的水。它同時顯示出加能法穩定了當中不斷轉變的鍵結，直至達到一個既穩定而又可儲存的結構。加能法與科學對水的認知，事實上距離不是那麼遠。

27　譯者註解：此處的鹽（Salts），所指的是水中的礦物質，可被認為是由酸、鹼化合而成的化合物，由金屬離子（鹼性部分）和非金屬離子（酸性部分）構成。

在米蘭核子物理研究所工作的意大利研究員發現，緊密結合起來的原子及分子，會與伙伴以新的方式一起行動。它們所形成的，研究人員會稱之為連貫領域（Coherent domains）（也就是統一的區域），而其餘分子並不是這樣組織的。這就似是普通光線和雷射之間的區別，雷射中所有光都處於同步狀態，這會使它們的力量增加。同樣，在一個連貫領域中分子的振動頻率是一樣的，這或許說明了加能療劑的力量。

透過科學研究已清楚得知，水在靠近表面時會表現得怪異，即是：靠近容器的邊緣時，分子網絡的形成在邊緣會被阻撓，結果分子的行為就會不同了。

這是從蛋白質溶於水後的特質研究中發現的。

「蛋白質對水的結構作出了一些獨特影響。」[53]

這事對順勢療法醫生來說很有趣，因為在稀釋和震盪的過程中，無可避免有很多水會流失，而通常都是留在容器內壁的水滴，會成為下一次加能法的起始。加能的水分子團簇會比普通的水更容易結聚於容器的內壁。[54] 我們再一次看到之前被否定的順勢療法程序，現在都得到科學的支持。自順勢療法一開始，調製療劑時已運用了這個現象。這些加能的方法沿用了很多年，不斷經過試驗和錯誤而改良，直到得到想要的治療效果。

當有些物質在水中溶解，周邊的水分子會隨之「重組成非常獨特和固定的排列」。[55]

研究水的科學家已經知道，即使原有物質已完全被稀釋，它引發出來的水分子重組結構仍會保留：

「無限稀釋的溶液具有可被觀察的物理特性。」[56]

經過加能的水跟普通水是有分別的——它能發放可被測量的電荷。[57] 17 組不同的科學家都曾在多個科學期刊中，記錄了水經過高度稀釋之後的效應。

科學中還有很多關於水的研究，能幫助我們了解順勢療法療劑的加能法是如何運作的，有更多的研究報告及科學文章可在這裡被引用。順勢療法的這個觀點已不再是不科學，加能法是順勢療法為人所接受的最大障礙，但為了要做到真正的科學，科學界已別無選擇，也只能接受加能法是可以被科學解釋的。

更高的加能層級

加能法給人帶來的另一個驚奇，是越稀釋的療劑效用越大。化學家卻·狄拿（Kurt Geckler）和撒沙夏·莎母（Shashadhar Samal）偶然發現了一些可解釋這現象的事。當物質溶於水時，只要溶液越稀釋，聚合的分子便越穩固和壯大。稀釋得越多，體系就擴展越大，也就是說，當溶液越稀釋，其水分子結構模式就越強，這正是順勢療法所預測的。當分子消失時，或許讓模式去擴展的自由度更大，物質分子似是會阻礙水的結構形成。又或者，更大可能是經過震盪的稀釋，會增加黏合分子的數目，或黏合的強度。無論是如何解釋，當分子被完全消除，消失分子在水中留下的資訊卻是更加穩健。增加稀釋的次數會使其更連貫及內聚，療劑也因此而更有效。

案例二十四 CASE STUDY 🔍

一名八歲女童患有膀胱炎二個月，並服用了好幾個療程的抗生素，這令她每晚尿床，而且早上起來行走困難。她在學校時常覺得有便意，不想離開廁所。她感到熱、臉部泛紅和嗜睡。在服用馬錢子 200C 一劑的一天後，膀胱炎、她的能量和整個人感到改善許多。一星期後她停止尿床，但數星期後問題再度出現，在服用馬錢子 1M 後，問題便一掃而空了。

這是另一個顯示越稀釋、越高層級的療劑，力量越強的例子。

分形論（Fractals）與全息圖（Holograms）

分形論在這裡是對題的。分形論中提及「自相似」（Self-similarity）的特性，也就是說，把圖形局部放大後和原來圖形的設計相似，於任何比例都是一樣。無論以肉眼或顯微鏡觀察，它們都有一樣的模式，不同的層次之間都可以互相對應。有趣的是，分形圖之中重複印記的次數越多，影像就更清楚（與大多數情況相反），這些重複序列的圖像被稱為疊代（Iterations）。

疊代和加能法似乎有些相似之處。兩者都是與預期相反，經每一次重複後，訊息都會增強。分形的疊代（在很多其他物質也是）和順勢療法的加能法正在運用同樣原理，使訊息更加清晰。

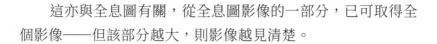

　　這亦與全息圖有關，從全息圖影像的一部分，已可取得全個影像——但該部分越大，則影像越見清楚。

　　在物理學的世界中，著名的物理學家麥斯‧賓克（Max Planck）發現了高頻率的波浪具有更高能量，所有這些有關訊息模式如何被深化或加強，都與加能法有著十分關鍵的相似之處，亦顯示了這並不是一個那麼顛覆的主意，當我們看到其他過程也是如此運作時，加能法在科學上是合理的。

偵測加能後水的效能

　　順勢療法需要水有「記憶」能力，記得有甚麼已在水裡被加能，為了讓療劑有效，它要求水能留下一些曾經溶於內之物質的印記，研究已經偵察出順勢療法療劑中存有的這些印記。在一位澳洲生物物理學家的研究工作中，他把液體的順勢療法療劑結成冰後，發現每一種及每一個層級的療劑，都有其獨特的晶體結構。[58] 也有其他方法可以探測療劑在加能後與水的不同，其中一個是測量以順勢療法方式加能後，療劑對於「光」產生的效應，研究顯示經不同物質加能後的水能放射出不一樣的光。[59] 所以水的科學家已能偵測加能法的真確性。

　　同樣地，當脫氧核糖核酸（Deoxyribonucleic acid, DNA）溶於水中，亦在生命上扮演著一個重要角色，即使在十分高度稀釋後，亦能發出電磁波。水受到 DNA 的影響而發放出電磁訊號，這並非 DNA 本身的能力。這項工作由諾貝爾得獎病毒學家呂克‧蒙塔尼教授帶領的團隊所完成。

「在高度稀釋 10^{-23}，計算結果指出……電磁訊號不大可能是由 DNA 製造出來的，反倒是由 DNA 自我支援的納米結構所發出。」[60]

順勢療法研究院的創辦主席——亞歷山大・圖尼爾博士，在英國順勢療法醫學會（Society of Homeopaths）的網頁內解釋：

「即使餘下的 DNA 碎片被化學物所毀掉，還是會『遺下』電磁訊號，他們觀察到當樣本被加熱或冷凍時，電磁訊號會被破壞。同時，若將訊號置於一個封密的容器內一晚，會發現有『串擾』（Cross-talk）的效果，即陰性的樣本會抑制另一樣本內的正面訊號。同時注意到若要呈現電磁訊號，樣本就要被『旋轉』（一個類似震盪的過程）。有了這初步論文，蒙塔尼教授和他的團隊就開展了一連串大有可為的調查，直接關係到順勢療法。」

順勢療法療劑的效用亦同時會被上述的情況破壞。

設計用來探測分子的化學測試，並不會偵測到這些經過稀釋的療劑和普通水的分別，故此令加能法受到懷疑，其實透過適當測試就會顯示出箇中分別，並能確定加能法是一個有價值的現象。其他研究亦同樣發現令人驚奇的「自我支援納米結構」（即水的微結構中的恆久轉變）。所以有直接、廣泛的科學證據支持「水的記憶」。

「事實上沒有任何東西——沒任何蛋白質、沒任何糖分子、沒任何純粹從鹽晶而來的鈉離子——可以單單加入水中而不靠搖晃，卻能干擾水中微妙的動態結構。」[61]

水科學家菲力士‧法蘭士（Felix Franks）形容水為「人類所知最異常的化學物」，其他研究者亦指出水醇溶液（Water-alcohol solutions）的異常特性，這一點尤其與順勢療法相關，因為療劑在經過加能之後，幾乎都會以水醇溶液保存。

加能法的科學

宏觀來看，科學知識是如此廣博但又不完全有組織，以致甚有機會自打嘴巴，研究某個領域的科學家，少不免也會忽略其他領域的科學工作。水的最新科學還沒有與醫療科學相連，也沒有回應與加能法如何運作的問題。醫學科學家可能會說：「順勢療法不可能有用。」而水的科學家則回答：「哦！是可以的！」

有關水有記憶這現象是一個跨學科的問題，它涉及物理學、化學和醫學。跨學科的現象總是混淆了科學家。免疫系統被徹底誤解，因為原先認為身體的所有系統，例如：神經系統和內分泌系統（腺體系統）都是分別運作的，但免疫系統被納入到許多其他系統，其實它會連接到大部分人體內的系統，並與它們相互影響。就最近的 20 世紀中葉起，科學認知經過一場小革命，以適應這方面的知識。

科學要如何能夠避免被劃分成不同學科，實在是很困難的。然而，區分是人為的，目的是為了方便人類，而不是由科學觀察的世界所訂。正在人體內發生的一切，同時是物理學、化學和生物學。我們研究的這個世界是個統一的世界，在科學中卻是被分割的。

　　還有許多其他影響會干擾科學對這些事物的觀感，有的更是毫不科學，科學家的事業前途都會因為追求非正統的研究而受損。製藥公司提供的資金越來越多，控制了所有醫學研究，甚至是在學術機構內的，但這筆資金並不會用在替代醫學的研究。科學的進步正受到偏見、貪婪等諸多因素阻礙。科學已不再是我們心目中相信的那麼一致、無偏見和可靠，以此為前提，關於宇宙、世界、特別是人類，還有很多是我們不明白的，我們對於水的主題認知不多，這並不是唯一的不足。

案例二十五 CASE STUDY 🔍

　　一名六歲女童會在入睡後半小時做惡夢，醒來時感到很不開心和憤怒，她在暖和的夜晚也會滿頭大汗。此外，她從來不願意丟棄任何東西，就連糖果的包裝紙也會保存，她的母親要從杯櫃中找出來清理。她的母親還想補充一點，但不能在女兒面前說：「她很甜美，是個善良的小女孩，可是她沒有信心，她從來不會把事情說出，她討厭站在人前，而且對穿著非常在意，如果有人取笑她穿著的任何部分，她都會拒絕穿它上學。」還有，當她在學校或其他場所，永遠不會「便便」。她的信心曾有好轉，但自從一場高燒之後變差，當時她還出現嘔吐和無精打采。在服用碳酸鈣（*Calcarea Carbonica*）1M 的六個星期後，她的自我意識比過去提升了，人亦較為隨心：如遇到不喜歡的事物，她會表達出來。再過六星期之後，她母親說她的一切也慢慢地好轉。

　　碳酸鈣是經過加能的蠔殼，它是由一種碳酸鈣製造而成，是一種普通食品的成分，也是一種廣泛存在於人體的物質。但它也是一種常用的順勢療法療劑，通常適用於兒童。恰當的順勢療法加能療劑除了可回應及治療身體問題外，也能治療心理問題。生物有機體在服用加能療劑後，能夠產生非常微妙的變化。

對加能法的批評

　　透過水的研究，已能引申出一個可用於加能法的可靠科學解釋，但仍然有批評說它是不科學的。

　　「從科學的角度來看，要解釋順勢療法療劑，如何能在缺乏任何活躍成分的情況下，對任何醫療狀況有效果，這實在是絕不可能之事，很明顯只有安慰劑的效應。」[*62]

　　然而，以下這個批評似乎是更合適。筆者針對水的結構及其意義作出批論，內容如下：

　　「即使只根據表面作判斷，『水有記憶』這個主張也存在著某程度的概念漏洞，其中大部分你也能想到。如果水有記憶，一如順勢療法所言，稀釋為 $1/10^{60}$ 已是無雜質，那麼現在全世界所有的水，肯定是能提供健康的順勢療法稀釋分子。水在地球上流動已久，終歸來說，當我在這裡坐著寫文章時，我體內的水分在到達我身體之前，就已流經過許多其他人的身體。也許在我鍵入這句句子時，停留於我指頭之中的水分子，目前已在你的眼球之內。也許一些充斥於我神經細胞的水分子，在我

決定寫「噓噓／殊殊」或「尿尿」這句話時，現在已在女皇的膀胱了（天佑女皇）。水是一個偉大的平均主義者，它到處遊歷，你看看雲便知道。

「一個水分子是如何忘記它曾遇過的所有其他分子？它是如何知道該用*山金車*的記憶？還是以撒·阿西莫夫（Isaac Asimov）[28] 的糞便來治療我的瘀青？」

在這篇美妙文章的某處起，重點已從水的記憶是水分子之間結構的特性，返回個別分子的討論。水的記憶跟個別分子無關，而是跟分子聯繫起來的方式相關。如果療劑能以適當條件被保存在密封容器中，這氫鍵結合網絡就能維持多年，否則很容易便會中斷。即使是密封在一個瓶子之內，加能作用都會在溫度超過 60℃、或低於冰點的溫度、又或被各種輻射所中和，甚至是簡單地打開瓶蓋也會被中和。從順勢療法療劑到賓·高雅的指尖、你的眼球或女皇膀胱的旅程中，我們可以放心地假設，任何加能過的水已被重複破壞了許多次，一旦療劑在服用時被吸收，水便會失去記憶。

加能的首要條件是水一定要跟物質（或經過加能物質的稀釋液）有直接接觸，它必須和該物質同時經過連串稀釋及震盪。要是以撒·阿西莫夫的糞便真的於水中被加能，那可能會是個截然不同的科幻小說了。

28　譯者註解：原名以撒·尤多維奇·阿西莫夫（Исаак Ю́дович Ози́мов，1920 ～ 1992），出生於俄羅斯的美籍猶太人作家與生物化學教授、門薩學會會員，他創作力豐沛，文學作品產量驚人，作品以科幻小說和科普叢書最為人稱道，同時他也是美國科幻小說黃金時代的代表人物之一。

「科學意識」網站則有嘗試處理水的記憶這問題，但同樣誇大了它：

「順勢療法醫生認為水可以『記住』活躍成分。如果水有這種能力，同時也該會記得其他隨著時間而稀釋過的物質，例如：人類和動物的排泄物、枯萎的植物、細菌和礦物質。」

這跟賓‧高雅的說法是一樣的，可以同樣被視為無效。順勢療法不能因為這種批評駁斥而成為無效，然而他們的指控時常重複。先給予加能法一個無限誇大的例子，然後再推翻這個虛構言論。真正的加能法熬得過這些攻擊，這些攻擊都是基於對事實的誤解，只要好好研究，就可避免對順勢療法過早下結論。

物質和能量

太陽和所有星星都不斷將物質轉化成能量，這就是為甚麼它們可以持續燃燒那麼久。當在星體的中心時，在巨大的引力下（因為星群是如此浩大），四個氫原子融合在一起，形成一個氦原子，當中會耗損了小量質量，但釋放出能量，這是個能量和物質之間存在著互換性質的提示。

愛因斯坦說：「能量中有質量，而質量代表能量。」[63] 物質是受形式約束的能量，能量是從形式解放出來的物質。這個情況可以著名的方程式來將之量化：「$E=mc^2$」。這意味著，在一個微小質量中有著驚人數量的能量，物質是集中的能量。

另一位曾與愛因斯坦共事的物理學家——大衛·邦姆 (David Bohm) 寫道：

「就我們所知道，物質是於這（能量）背景上的一個小型『量子化』波浪式勵磁（Excitation）[29]。物理學的進一步發展，可能使人們有可能以更直接的方式，探測到上述的背景能量。」這種對物質的理解，在目前的量子物理學已被廣泛接受。

加能作用似乎就是物質「散開」，從中物質的結構模式會被揭示。這過程所涉及的物理學與大衛·邦姆的理論相關。也許包裹在物質內的能量，是透過加能法表現出來。信息和能量緊密地聯繫一起——資訊存在於能量的形式。也許每種物質都有自己的能量模式，即是它本身的資訊。邦姆說：「能量及資訊都是折疊在物質和自然之間。」看來加能法之所以有效，是因為它把事實中隱藏於背景的資訊解放，於水的結構中表現出來。

質能守恆定律（Law of conservation of mass and energy）[30]，表明了加能過程中可能會降低質量，因為能量被釋放出來了。另一方面在震盪的過程中，能量被投放到稀釋液之中。在加能法的過程中，可能有某種質量和能量的互動作用。要衡量質量和能量的這些變化會十分困難，但是如果物理學可以證實加能

29　譯者註解：當電流通過線圈，就會受到激發而產生磁場，這個過程也稱為「激磁」。

30　譯者註解：「質能公式」$E=mc^2$，又稱「質能轉換公式」或「質能方程」，是一種闡述能量（E）與質量（m）之間相互關係的理論物理學公式，公式中的 c 是物理學中代表光速的常數。在經典力學中，能量和質量之間是彼此獨立、沒有關聯的，但在相對論力學中，能量和質量只不過是物體力學性質的兩個不同方面而已，它們是不可分割而聯繫著的。

法當中的這些變化，那它將會是科學史上的另一個里程碑。已有針對量子物理學的不同特性，來研究此等微妙和獨創性的實驗，並取得顯著成績。

我們從經驗中得知順勢療法療劑，是稀釋得越多效果越強的。加能層級較高的比低層級的，更能刺激患者的有力回應。層級決定對患者刺激的力度，而被加能的物質則決定予人何種刺激。稀釋度越高，藥力越強；物質越少，能量越高。

案例二十六 CASE STUDY 🔍

一名 82 歲的女性患有妄想症。她相信自己看到跳蚤的卵，因此她用針來挑自己的皮膚，因為她認為那些跳蚤的卵陷入了她的皮膚，她也在瓷器的花紋上看到牠們。她常漂白衣服並扔掉很多東西。此外，她有時會過度活躍，就像一個快樂的小女孩，她會更換窗簾，買植物送給別人等等。她在醫務所內不會閱讀雜誌，因為害怕內裡有細菌。

服用天仙子（*Hyoscyamus*）30C 後，她的情況改善許多，妄想再也沒有出現。後來發現了她有一個大型的腦腫瘤，因此那些症狀可能是由於腦腫瘤導致的。腦部受到腦腫瘤的壓力，但不同的個案會產生不同的症狀。每個人的獨特症狀會揭示出他們個人的易感性。即使沒有預期這療劑會對腫瘤起任何作用，順勢療法卻會處理這些易感性。

天仙子是野生植物，常被用於妄想受迫害的老年人，當它處於物質劑量時是有毒的，並會產生類似上面所述的幻覺和怪異行為。

生命之水

水和生命之間似乎存有一種必然關係——生命離不開水，生命之所以存在，亦是因為水具有一些反常的特性。

「它是神奇的成分，使實驗室架上毫無生氣的粉末都變成活的東西。」[64]

劍橋大學的菲力士・法蘭士說：「沒有水的話，一切都只是化學，但當加入水之後，你會得到生物學。」在遺傳學其中一個領域的研究中，這現象以一個有趣的方法被發現。研究發現如果缺乏了水（從水龍頭流出的無色無味分子）之直接協助，基因「根本不能執行最基本的功能」。[65]

基因通過蛋白質影響我們的身體，而蛋白質如何運作則取決於其分子的形狀，水在決定形狀時擔當關鍵角色，這是早已馳名的；其實水是蛋白質的增塑劑，水的氫鍵結合固定了蛋白質分子的模式，而這些分子在沒有水時會瓦解。

這以另一種方式表明水對生命及其演化的必要性。只有溶解於水中，DNA 和蛋白質才能形成螺旋和折疊的秩序模式。這些物質與水分子和其氫鍵之間的互動作用，對形成這些秩序模式很重要。[66] 在布達佩斯匈牙利生物研究中心（Hungarian Biological Research Center）的莫尼卡・費斯尼特（Monika

Fuxreiter）研究表明，當接近鄰近的 DNA 時，水會改變其分子活動，而且把承載的信息從 DNA 帶到蛋白質。這再一次表明水有「記憶」，並且認為這對基因如何影響生物學十分重要。所有這些發現水有記憶的研究項目，都是與順勢療法無關的。另一個例子是工作於加州大學伯克利分校的李·羅倫遜（Lee Lorenzen）所進行之研究，他是研究水團簇方面的權威，研究內容亦表明了水可以儲存信息。他發現水分子會因應各種刺激而產生團簇，模式則視乎刺激物的屬性，他已測量出不同刺激所得出的效果差異。

蛋白質和酵素都是對生命起關鍵作用的複雜分子：

「有兩類大型生物分子構成了地球上生命的基礎……它們都是由長鏈構成，靠化學鍵把分子次單位連接而形成，以提供一個包含很多信息的結構。我們所謂的長鏈結構，確實是很長的……」[67]

經過加能的水，含有連結成長鏈的水分子群組，而這些鍵結都包含信息在內。經過加能的水，似乎與生命基本分子共同享有某些東西，這為水如何影響生物以及順勢療法療劑是如何吸收和發揮效用，提供了一個解釋。

因為水能吸引一些物質到自身，並排斥其他的，它有組織活細胞的作用。健康細胞中的水有高度結構，反之病變細胞內的水則有較少結構。也許服用順勢療法療劑（與水結構內的模式相同）後，能把健康的模式傳輸到人體內的水當中。由於整個身體和所有生命進程都沐浴於水的「內在海洋」中，也許可以此稍為解釋當服用療劑後，順勢療法所啟動的痊癒過程。

　　人體內所有分子長時間都在搖晃：這取決於它們的大小，它們每秒中互相碰撞百萬次或億次——這一切都是由水促進的；這跟療劑被震盪和溶解在水中的方式相似。

　　無論是甚麼物質，當成為療劑時都沒有分子留在水中，所以，除了對身體分子發揮，體內任何東西亦然。這並不是物質的傳遞，因為所有物質都已被稀釋掉，這是信息和／或能量的傳遞。

　　加能法的過程已被廣泛理解，但這個對生物有機體引起療效的吸收過程仍有待研究，這項研究將呈現不同的問題。正如偉大的物理學家尼爾斯‧玻爾（Niels Bohr）所說，任何對生物有機體的研究，都會被因需要保存調查對象的性命而受阻。如果調查對象不是活著的話，那麼我們是在研究化學，而不是生物學：死物不是生物有機體。不過，傳統科學認為不太需要專注於這問題上：這樣會為他們帶來較少挑戰，以及較少爭議。

　　水的非凡特性成就了生命的可能，任何形式的生命都要完全依賴水，因為有機體內的水提供這麼多生活所需。它是營養、保暖、化學信息、廢物處理，以及許許多多的媒體。生命發生於溶劑內，一切生命的關鍵都靠水來做媒介，這是加能過程中最重要的。作為偉大的吸收者和載體，水從療劑中吸收了一些加能的東西並儲存起來（即使順勢療法療劑是以藥片的形式給予，它仍然保存水的內容所帶有之藥物效能）。

　　涉及極端情況下（例如：巨大壓力）的冰水研究，能得出關於水更多奇怪的性質：

「這一切似乎展現水會尋求分子之間的最佳配置和鍵結模式，以調和在能量環境中實驗者建立的矛盾。這樣的反應和適應能力幾乎像是有生命的，並重新讓人懷疑究竟水是甚麼。」[*68]

人們也想要知道新鮮泉水和「毫無生氣」的自來水之間的差別，是否與它的分子結構有關？

究竟水是如何賦予自身獨特的屬性？水是我們生活中具有多種複雜功能的「樂觀」物質，它的獨特分子結構使其成為生命的促進者，從最簡單的單細胞生物到人類亦如是。它提醒我們神秘主義者的教誨，正如威廉·貝克（William Blake）所說：「從一顆沙粒中看到天堂」，或從一滴水中看到奇蹟。水是生活中不可或缺的；水甚至可能就是無生命物質與生物有機體之間的中間物和中途階段？流動的水能夠產生一種近似植物的基本生命形式。它的反應力和適應力如此良好，對生命而言是必需的，而且也十分神秘，所以至少可以說，水是有別於任何其他物質的。

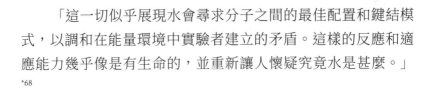

案例二十七 CASE STUDY

一名處於更年期的女性有出血現象，有時需要一個小時更換四次衛生棉之多，雖然現在已沒那麼頻繁了。這情況一直持續了兩個半星期。在服用*白砷* 10M 的四天之後，出血便停止了。

出血本身並非順勢療法的症狀圖像，所以我們要選擇與病人體質吻合的療劑。她形容自己總是感到寒冷，還會強迫性地保持整潔。房子總是不夠好，她必須要從椅子起來把它弄整齊。在經歷一次家庭危機後，她開始服用百憂解（Prozac，即抗抑鬱藥物）已有四個月時間。她「哭遍了所有地方」，並在凌晨三點焦慮地醒來。在凌晨三點焦慮，也是*白砷*體質的一個特性。

在案例十一中所展現的*白砷*特徵，與這裡所述的有些相同，但也有不同之處。在這兩種情況下，療劑在水的結構中都儲存了*白砷*的「記憶」。

加能法對抗科學？

如加能法有效，順勢療法有效，那麼，是不是就如順勢療法的反對者所言，這真的會打擊到科學？

加能法確實會挑戰當代的一些科學理論。但事實上，無論是涉及加能法或是任何別的東西，也只會對科學作出積極貢獻，它的進步會邁向了解所有事物的方向。新現象可能會削弱現時有限的科學，並威脅目前的觀點，但這不影響科學本身，科學大於我們現存的理解。

舉例來說，在加能一種礦物的過程中，礦物會在水中一次又一次被稀釋，該礦物的物質在越來越多的水中稀釋得越來越薄，直到沒有，或甚麼也沒有留下，不過稀釋液仍然具有生物活性。總括而言，基於上文提及到水的性質，一些非物質的東

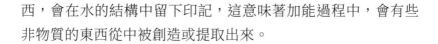

西，會在水的結構中留下印記，這意味著加能過程中，會有些非物質的東西從中被創造或提取出來。

大衛‧邦姆的物理學已提出類似事情（見上述「物質和能量」章節）。水的科學已經證明水能以這種方式儲存信息，所以加能法並沒破壞這門科學——前瞻性的邊緣科學（意指「水的科學」），甚至肯定了它。加能法只是削弱了那些已經被其他新發現所破壞的科學，如果發生在順勢療法療劑製作過程中的細節，可以透過水和現代物理學的科學作出解釋，順勢療法便不能被認為是不科學，而實際上它卻是前瞻性的邊緣科學。這些科學的發展與順勢療法同樣威脅到傳統的「科學」，但它們都來自主流的科學研究。衝突不僅是在順勢療法和科學之間，也是在科學本身。科學是永遠向前的，亦難免會有所矛盾；加能法只是其中一個亮點。

加能法似乎是從有形物質中釋放信息，就似是物質的面紗變薄，使它背後的信息變得容易涉取。信息會被印記在水中，由於水有特性，能「記住」這種無形的能量模式，它成了醫療力量的載體。信息一步一步從物質中分隔出來，也許順勢療法因肯定了「潛藏命令」而在科學上有著意義，也許加能法就是使這潛藏命令可被檢測的方法。

愛因斯坦在他著名的方程式 $E=mc^2$ 發現，在某些特殊情況下，物質和能量是可以互換的，也許加能法能表明信息是物質中固有的。

任何嘗試充分說明加能法的研究，都能證實加能法這現

象。據了解加能過程中，每一種物質對水及服用的人都有不同效果。當一種藥物發揮效用時，每種草藥、或礦物、或其他順勢療法療劑，都提供了一個非物質的治療刺激。順勢療法療劑是非物質的——它是一種信息劑量，或者是一種來自物質信息模式的劑量。然後這療劑便有能力影響接受它的有機體，也許每種物質都有獨特的信息模式，又或許加能法令它變得可以被運用，這就表明我們每個人，都會受到療劑的某種非物質性影響。

看來用於順勢療法的植物、動物和礦物，都以某種形式和我們的疾病對應，並可治癒他們。華滋華斯（Wordsworth）於下文所建議的東西就像一道潛藏的命令：

「對於每一個選定了形式的生命……
活性的原則——無論要如何
從感覺和觀察中除去——它仍會延續……」

　　　　　　　威廉・華滋華斯（William Wordsworth）
　　　　《遊記》（*The Excursion*），第九冊，第一至三行

當哈尼曼創造順勢療法成為一個醫學系統時，他起初稀釋療劑只為減少副作用。經過多年後，他注意到震盪稀釋過的療劑，實際上增強了治療效果並減少副作用。這是他最神秘的發現，而他是如何做到的也是個謎，也許是巧合和設計的結合吧。他發現有些有形物質內會有些非物質的東西，這似乎不科學，但事實非也，因為科學已經改變，現在的物理學和資訊科學都肯定了這樣的事；哈尼曼的發現可能為物理學和生物學的進一步進展作出貢獻。

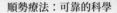

本維尼斯特爭議

　　法國政府研究機構就在 20 世紀 80 年代，於法國國家衛生及醫學研究院（Inserm）的實驗室，意外地觀察到某種加能作用效應。院長積奇士・本維尼斯特，是一位具領導地位的法國免疫學家，允許他的實驗室對此進行研究。他們展示出內裡「不含任何東西」的溶液仍然具有效力，著名的科學期刊《自然》兩年來都不願意發布結果，直到實驗在其他國家的三個不同實驗室內，重複得出相同的報告，結果在 1986 年才被發表，並開始了一場重大爭議。

　　就在結果出版後，有一位《自然》期刊編輯、一名魔術師占士・羅迪以及一名徹查科學不當行為的調查員對此進行調查。

　　這是一項不尋常的科學調查。它不是一個由具資格的免疫學科學家組成的獨立團隊進行，所以也曾經有人表示對調查員的篩選有所懷疑，有人說主編可能受到壓力要平息這場媒體風波。那魔術師羅迪本來就是一位出名反對順勢療法的人，自 1964 年便懸紅 100 萬美元獎勵任何可證明加能療劑有療效的人。平常的科學調查會採取預防措施，防範任何可能的偏見，以是次調查科學的標準來看，實在值得商榷，奈何結果已成為公認的觀點，並錯誤損害了順勢療法的名譽。

　　調查員在本維尼斯特的實驗室參與了進一步的實驗，並不斷取得對順勢療法的正面成果，直到他們私自帶著相關的試管，走進他們自己的一個房間，並重新以他們自己的方式標記樣本。

「馬多斯（Maddox）、羅迪和史迪華特（Stewart）走進一個單獨的房間，以報紙封住窗口，移除了試管的標籤，並以他們的暗號取而代之，以供之後確定哪些樣本是被順勢療法的溶劑處理，哪些是被水處理。迪凡娜絲（Davenas）（其中一名研究員）重複她的分析，而周圍的同事則在實驗室聚集等待最後結果，那名魔術師羅迪，就如在舞台上一般，以幾種玩牌的技巧逗弄眾人，以緩解緊張的情緒。」[*69]

在他們的調查中，前三個重複的實驗均顯示極度稀釋溶液仍然有效果，只有最後那個顯示無效，看來調查人員沒有表現出他們的調查是公正的。根據現時的所有記錄，他們重貼標籤是私下進行的，所以他們得到欺詐的指控，他們有偽造第四次實驗結果的嫌疑，因為他們不能以任何合法手段使研究無效。此等失敗表明科學調查缺少了認可的規定，以作為防止研究可能會功虧一簣的適當措施。

這些研究結果在《自然》發表後，爭議便平息了，這場辯論在科學界內變得更被抑制。稍後，一個可一勞永逸證明順勢療法是荒謬的計劃再次被策劃，一個由貝爾法斯特大學教授馬德琳‧恩尼斯（Madeline Ennis）帶領的科學家研究小組重複了那些實驗。

「告訴順勢療法醫生們別傻的是……」對貝爾法斯特皇后大學免疫藥理學的馬德琳‧恩尼斯教授來說，取笑順勢療法是種消遣。她經常這麼做，所以被邀請參加一項歐洲的多中心研究，探討「高度稀釋」（適用於順勢療法範疇）溶液的效果——研究對象是人類嗜鹼性細胞的組織胺。不過，結果所有參與該

項目的四個中心都發現溶液有效，恩尼斯絲毫不覺得高興，她一心想要摧毀順勢療法的目的最終撐不下去，她如何作出那不情願的結論？「儘管我根本對順勢療法科學有所保留，但結果迫使我中止我的懷疑，並開始為我們的研究結果尋找一個合理解釋。」[*70]

　　科學的任務是要帶領我們由事實走到未知領域的知識。恩尼斯對這些研究結果的反應，是一名科學家應有的反應嗎？她的測試是按照嚴格科學標準，而且在其他地方重複進行，目的就是為了終極解決這事。在這方面他們失敗了，因為他們得到了「錯誤」的結果：被加能的溶液再次展現效力。這些結果沒有在《自然》發表，只是在許多年以後發表於一本不太知名的科學期刊《炎症研究》（*Inflammation Research*）。這樣一來，它們只得到甚少關注，許多人仍然認為順勢療法名譽受損。其實不然，除了那個交由魔術師調查小組進行的實驗之外，恩尼斯和本維尼斯特的研究工作都證明順勢療法的確有效，只不過那個魔術師實驗收到了致命的宣傳效用。

　　在這種糾紛中的賭注很高，本維尼斯特不得不辭去他的職務，研究順勢療法是有風險的。收入、用於其他項目的資金、事業和聲譽，全都可能受到不依慣例的研究項目影響。首先是涉及科學信念和製藥公司的利潤，科學的歷史表明了當出現異常情況，科學革命開始出現時，可能會對變革有強大的反抗。例如，教會的領袖不會深入探究伽利略的望遠鏡；人們對阿爾伯特·愛因斯坦的研究結果產生抗拒，而抗拒接受量子物理學，就是另外的一些例子，然而其他的例子還有很多；在路易斯·巴斯德出現的 20 年前，有位醫生發現如果從太平間洗了手才

到婦女病房，可避免很多婦女死於產褥熱，結果該名醫生遭受排斥和迫害，最終被趕出業界，類似的情形也發生在本維尼斯特身上。當然，一些揭示科學新發展的研究，後來發現是不正確或偶爾有欺詐成分。但在另一方面，有時一些科學家也會竭力相信一個真正的新發展是無效和不科學的，公眾很難知道孰是孰非，順勢療法經歷過一段長時間，真相才得以進入公眾領域。

一個真正的科學異象，是一個超越我們目前有限了解的解釋。它引導我們擴展知識，准許自己被事實帶領。我們的理解必然是有限的，以及永遠受到設備不足和研究資金的限制，還有是我們人腦的限制。自認為我們知道一切或幾乎知道一切，或者說有史以來終於可以知道一切，都是種危險的想法，這種態度會拖延進步。

本維尼斯特在權威期刊《自然》所刊登的文章，令順勢療法比以往任何時候更為主流接受，在全球科學界引起了嘩然和警報，調查平息了這場風暴，調查本身卻跟原先本維尼斯特及其團隊一樣富爭議性，調查並非由合適而具有經驗資格的科學家進行，所得結果絕不能總結出他們所謂的肯定性。一位作家為當時《自然》的編輯約翰·馬多斯（三名調查員的其中一位）辯護，希望平反他抹黑本維尼斯特的說法，他說這項指控不成立，他肯定馬多斯只想發現事實而已。在這種情況下，批評順勢療法的人已背離科學並置之為人身攻擊，而他們卻以此指控當時的順勢療法醫生。有時因為這些分歧令讀者堅信順勢療法無效，但實際上可能是這些攻擊沒有信服力，這些批評適用於大部分反對順勢療法的文章和媒體報導。

總結

加能法的領域大致上已被科學規劃出來，已經構成「水有記憶」和「它的治療效果」之概念框架。現在只差一小步，就可以將這門科學應用到加能療劑，以及確認順勢療法。已開發的技術現在可用於檢測加能作用對水的影響，並可於電腦屏幕上顯示出來。

這個問題是順勢療法爭議的核心。一旦跨越了這障礙，科學和公眾對順勢療法的看法可能會出現戲劇性轉變。

第六章　何謂相似者能治癒？

順勢療法的第二原則就是「相似者能治癒」：一種能夠治癒某個疾病的藥物，同時也能產生相同的疾病。這概念的爭議性比不上加能法，但仍是個陌生的主意。本章嘗試展現這個道理，因為生物有機體是有反應的，所以「相似者能治癒」十分合理。

相似定律

任何能夠致使健康的人出現症狀之藥物，也能治癒已出現該症狀的人。這就是相似定律，乍看之下似乎不合邏輯，但生物有機體是有反應的，因此會對藥物產生反應。在對與疾病相似的療劑作出反應時，有機體亦同時對疾病作反應，這就是相似藥物發揮作用的方法。「順勢療法」一詞來自兩個希臘詞語，意思是「相似的痛苦」（Similar suffering）。

與症狀相似的藥物如要產生治療作用，唯一方法是要經過加能（Potentised）。也就是說，它必須經過改造，才可刺激有機體產生相反反應。「相似者能治癒」是因為當有機體沒有回應時，症狀的加能版本會喚起痊癒反應。加能療劑與疾病症狀相似，但其不一樣的關鍵是，它已經被加能。有機體是如何偵

測到加能療劑的存在，至今仍未被了解，但可以肯定的是，療劑中任何直接引發化學作用的東西，都已被加能作用消除，不過有機體尚能探測到它的存在，而且對它作出更強的反應。

　　例如，以物質劑量使用*砷*會導致腹瀉、虛弱無力、坐立不安和焦慮等症狀。然而，順勢療法劑量的*砷*卻治癒了很多出現這狀態的人，症狀不論是由於食物中毒、腸炎或霍亂所致。

　　順勢療法的這個觀點——同一的療劑既可治癒霍亂又可治癒結腸炎——看來似乎難以接受。關鍵是順勢療法針對的是病人，或者說是病人的有機體，經由有機體被刺激來醫治疾病。決定用何種療劑是根據有機體對疾病產生的反應作為基礎，而非疾病本身。在做這個決定時，疾病本身佔次要地位。因此，如果有兩個病人都產生著*砷*的症狀，即使患的疾病有所不同，加能的*砷*亦可以同時驅除兩位患者的疾病。

　　加能法則和相似定律在單獨運用時可能會有些效果，然而效果不會十分理想。順勢療法的創始人山姆・哈尼曼最先發現了相似定律，但起初亦無法使其可靠地運作，直到他開始對療劑作加能處理（「加能」的意思是在嚴格控制下，多次稀釋和震盪療劑；詳見第五章）。他透過推理和實驗，首先發現了相似定律，沒有人確定他接著是如何發現加能法的，但是我們知道他花了多年時間才完成。兩者都是經由應用科學理論和實驗方式發現的，其後再修訂理論及作進一步的實驗。從哈尼曼與同僚留下的歷史文件可清楚得知。這跟《差勁的科學》一書中所作的描述有著強烈對比，該書內容說相似定律是哈尼曼「編造」出來的東西：[71]

「順勢療法是由一位名為山姆・哈尼曼的德國醫生，於 18
世紀後期發明……他斷定（已無別的詞語可用）——如果他能
找到一種可在健康人體上引發症狀的物質，那麼它也可以用來
治療具有相同症狀的病人。」[*72]

事實上哈尼曼所做的不是一個斷定，而是一個發現。這個
發現令人驚奇及難以接受，但卻不是個騙局。

順勢療法的精髓是結合「加能法」和「相似性」的力量，
要找到一種與症狀相似的療劑，就必須個別為每位病人挑選。
療劑在一個健康的人身上產生症狀，要與病人發病的症狀相
配，才可產生治療效果。順勢療法醫生擁有不同加能療劑的庫
存，他們的挑戰及順勢療法會診之目的，是要找出病人需要哪
種療劑，哪種療劑與病人症狀相似。順勢療法療劑都經過驗證，
所以順勢療法醫生都知道它們可引起甚麼症狀，以及因此能治
癒甚麼。

當然，這與傳統醫學完全相反。如果病人患上炎症，傳統
醫生（或許）會給予一種消炎藥物，而順勢療法醫生卻給予一
種可產生炎症（還要配合病人其他症狀）的療劑。因為它是相
似並且已被加能，所以會激起病人的系統自行作出一種抗發炎
反應，這就是順勢療法醫生何以說，他們治療的是病人而非疾
病。療劑會影響整個有機體，然後治癒該疾病，順勢療法激發
自癒能力。

雖然表面來說，這似乎違背常識，也許你現正開始看到相
似定律大概所言的是甚麼，它不是看起來那麼不合邏輯或不尋

常。生活上很多方面都有「相似者能治癒」的例子，相似的事物對彼此之間的影響可見於物理學、化學、生物學、醫學和日常生活，相似者的效用其實相當普遍。

案例二十八 CASE STUDY 🔍

一名三歲男童自六個月大起已患有嚴重濕疹，影響身體多個部位，症狀會在夏天和晚上加重，當他醒來時會不停抓患處。

這些症狀對於濕疹而言並不罕見，不過男童擁有一些其他特徵，就是他喜歡生的食物，而且喜歡生吃蔬菜，他喜歡整潔，並自動自覺的去收拾，如果有些東西放錯了地方，他可能會爆發生氣的情緒。

有好幾種療劑曾短暫發揮幫助，而其中一種也使他在社交場合中增強信心，然而濕疹總是在一段短時間後再度轉差。後來有一天，他的母親說起他總是「事事都用跑的」，而不能用走路的。過分講究、喜歡生食以及傾向跑而非走路……通通都是西班牙狼蛛（*Tarentula*）療劑已驗證的症狀，這是用來處理該男童濕疹和信心的最佳療劑。

與症狀部分相似的療劑已能提供顯著幫助，但當療劑緊密地切合整個人的圖像，那效果則會是非同凡響的。

科學上的相似性

相似定律是一個廣泛現象的醫學例子。舉例來說，牛頓的第三運動定律指出：作用力和反作用力是相等而又相反的。由於任何作用都會有一個相等而相反的反作用，所以當一個高爾夫球落在沙地上時，涉及讓高爾夫球停下來的力量，會以一種相等但相反的方式作用在沙地上，因此造成沙地表面的凹痕。

此定律為生物學提供對生物有機體「自我調節」行為的見解，健康有機體會不斷對環境中的變化作出反應，例如，在房間變熱時，我們的系統會設法讓身體降溫，例如透過出汗。如果這反作用充分發揮效果，我們的體溫將保持不變，所以反作用是與引起反應的力度相等，而方向相反。我們的系統對周遭眾多變化作出反應，是透過調節自己來維持健康。這些變化可以是關於溫度和濕度的，然而我們必須適應數之不盡的各樣變化──不同的食物、旅行時遇到的新微生物有機體、一個新疫情出現、情緒和肉體創傷，甚至是人生不同階段的生活和變化，也要求我們的身體作出調整。只要我們的系統能作出相應調節，我們便能保持健康。當有事發生，而我們不能作出力量相等而方向相反的反應時，我們便會生病。

在順勢療法上，療劑靠著刺激先前所缺乏的反應，來產生一種力度相等但方向相反的反作用。這種反作用不僅與療劑力度相等、方向相反，也是跟疾病相等和相反的。它喚起維持健康所必須的反作用，該反作用正是有機體在早前無法達成的。跟問題相似的療劑，會引起必須的反應，即相反的反應，也就

是解決辦法。如果我們把反作用的原則延伸到生物學上，即是指生物的反應性，相似性的力量也就變得顯而易見。我們的系統試圖作出反應來保護自己；它們透過對變化作出反應來維持我們健康。

阿恩特－舒爾茲刺激定律（Arndt-Schultz Law）

有一項久經試驗的生物化學定律，有助於解釋順勢療法，那就是阿恩特－舒爾茲刺激定律，於 1888 年首次發表，它是這樣的。

一種物質在使用大劑量時會停止生物活性，中劑量會減低活性，小劑量則刺激活性。換句話說，要停止、抑制或增強生物活性，便要視乎劑量——強烈刺激是有害的，而小的刺激則會有利，因為它們能激發活性。兩個層次的刺激和兩種反應的分別，可見於病人對藥物的反應。

生物化學已廣泛觀察到這個藥物的雙階段反應，並稱之為毒物興奮效應（Hormesis）。傳統醫學思想並不注重這一點，所以在醫學上這些效果不常被記錄或研究。低劑量的作用有時會發揮得更好，因為身體會抵抗高劑量。阿恩特－舒爾茲刺激定律跟相似定律有非常密切的關係，順勢療法是這種現象的一個系統性延伸。

干擾定律

在科學中，干擾定律指出：來源不同但頻率相同的電波會互相中和。電波相互穿透，但不會干擾對方，除非它們持相同或相近頻率，它們便能摧毀對方。

在英國南安普敦大學的實驗中，發現聲音也有類似現象。若完完全全複製其波長，聲音就會被消滅，一個聲波會被另一聲波抵消。[*73]

在順勢療法中，疾病和療劑都能產生相同症狀。它們來自不同的來源，但卻有著相同的頻率。療劑取自天然存在的物質，疾病則源自病人，當兩者相遇時便會互相中和。

案例二十九 CASE STUDY 🔍

這名二歲男孩是一個濕疹個案。他自出生開始就有這毛病，絕大部分時間都使用類固醇藥膏（Hydrocortisone cream）。同時他也抗拒睡眠，如果要他必須上床睡覺，他便會打媽媽。此外，如果他想做某事而遭禁止的話（如玩弄刀子），他會把頭撞到地上或打自己。在服用療劑結核菌素（*Tuberculinum*）30C 後，撞頭和其他不適當行為已經停止。起初只在睡眠方面出現改善，濕疹問題維持原狀。之後，他的個性好了些而且也睡得不錯，濕疹也改善了三個月。然後，他開始出現含痰的咳嗽，憤怒地亂丟東西，還變得非常「難纏」。他也開始喝很多牛奶，症狀圖像已經改變，但所有這些還是與

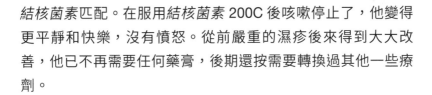

*結核菌素*匹配。在服用*結核菌素* 200C 後咳嗽停止了，他變得更平靜和快樂，沒有憤怒。從前嚴重的濕疹後來得到大大改善，他已不再需要任何藥膏，後期還按需要轉換過其他一些療劑。

進化

由生物學家魯伯特‧謝爾瑞克提出的現代進化論指出：每一生物物種都擁有它自己的生命能量，甚至每個物質都有其自身的生成力場（Formative field）。它們之間的共鳴會影響物種的每一個成員及每樣物質，為了說明這個理念，撒迪亞指出當第二次製作一種新合成的化學物時，確實會比第一次來得更迅速和容易，即使製作過程在世界的另一邊進行亦如是。這現象已通過多番實驗確認。這表明了相似者會互相影響，而在這個情況下，會增強效應而非消除它。

事有湊巧，愛德華‧詹尼（Edward Jenner）在山姆‧哈尼曼出版順勢療法第一部著作的同年，也推出了天花疫苗。順勢療法和疫苗接種這兩個範疇，差不多在同一時間把「相似定律」帶進世界，這是個似乎與撒迪亞理論相關的奇妙巧合。

物質和反物質

物質（Matter）和反物質（Anti-matter）之間互為鏡像，從能量中可製成一對粒子和反粒子。這是另一個說明「作用和反作用是相等但相反」的例子：意即物質和反物質是相等但相反的。當這些相似但相反的粒子和反粒子相遇，它們會互相消

滅並釋放能量。兩個粒子同時存在會互相抵消，只剩能量。這就好比干擾定律，也可媲美順勢療法療劑的效果。當兩種情況互相中和，就會釋放出治療能量。縱使這兩個過程可能不太相干，但也有某程度的相似性。

西藥和其他醫療派別也運用相似性

我們將這些相關現象歸納在一起，可建立起一個概念框架，而當中蘊含的相似定律極具意義。

相似定律已為人所知好幾個世紀，但在順勢療法出現之前應用得不多。首次以定律形式出現在醫學文獻中，是出自古希臘醫生希波克拉底（Hippocrates）之手，他就是立下希波克拉底誓詞的人。他被視為西方醫學之父，他認為：「通過相似者，疾病產生，通過使用相似者，疾病被治癒。」巴拉塞爾士（Paracelsus），一名 16 世紀的歐洲醫生，在著作中與希波克拉底互相呼應：「砷能夠治病，是因為病人顯露著砷的性質。外界與大腦所對應的東西，都能治癒腦內的疾病。」

相似定律也涉及心理治療和諮詢。在治療者和患者之間，同理心是最重要的，而且會為治療帶來助益。同理心是基於能夠透過理解痛苦本身，來分擔對方的痛苦，當患者能夠感覺到這一點，痛苦感受因而獲得一些舒緩，例如：對受虐者來說，最好的輔導員往往是曾遭受虐待的人。如果病人能感受到治療者的痛苦，感到那就如自己相同的痛苦，就能產生一種治療效果。

　　另外在心理治療中，已公認在治癒創傷後遺症時，可能需要以再度體驗的方式治癒它，在安全的治療中，如能忍受與「原本傷痛類似」的痛苦，創傷從而被治癒。

　　強迫性重複的形成傾向，是精神有過創傷的人，反覆令自己置身相似的創傷情況中。或許這也是一種再度體驗創傷的嘗試，因為沒有其他治癒途徑，希望可以從那裡找到出路。強迫性重複正是病人在「相似者能治癒」之痊癒過程中的第一步被卡住了，無法繼續向前。

　　希臘神話中的一位偉大醫神叫做奇隆（Chiron），他有一個無法癒合的傷口，這奠定了他的治癒角色，意念也是源自「受過傷的治療者」。通過自身的痛苦，治療者知道如何治癒病人的痛苦。德爾斐（Delphi）的神示（Oracle）中云：

　　「那可使人抱恙的定可治癒。」

　　教會的神聖聖餐同樣具順勢療法的意義——基督的苦難被視為我們苦難的救贖。

　　相似定律是一個在許多文化及醫學史上反覆出現的主題。在順勢療法中，相似定律則被用作創建一個醫療系統。

　　這定律偶爾也被傳統西醫應用，例如：在脫敏治療和免疫接種兩方面。此外，輻射被用於治療癌症，但同時也可致癌。利他林®（Ritalin），一種用於過度活躍症的藥物也可導致過度活躍。毛地黃（Digitalis）可引起心臟問題，但也是醫治心臟問題的傳統藥物。眼鏡蛇毒液是一種可使心臟停頓的毒藥，但稀釋後卻是心臟刺激劑。硝酸銀是一種可灼傷皮膚的腐蝕性物

質，當處於稀釋劑量時便不再具有灼傷皮膚的能力，但身體仍然可以發現到它的存在，並作出本能反應去反抗它，從而治癒灼傷，所以能導致灼傷的物質都也能治癒灼傷。

在一個名叫光修復（Photo-repair）的過程中，受高劑量紫外光損害的 DNA 細胞，當接觸到相同但非常小劑量的光線時，便會快速進行自我修復。

服用傳統西藥的病人有時會出現與預期相反的反應，所有這種現象都是這個定律在健康和疾病中的重要例子。

這定律甚至可訴諸於物理學上：磁鐵的北極會相互排斥，因此如果兩個相似的極點互相靠近，較強的磁鐵可以重新磁化本來失去磁力的磁鐵。類似情況也會發生在音叉之上，一把震盪中的音叉可以重調附近相似的音叉。

日常生活中的相似性

相似定律於下面例子也得到了證明：當我們將雪擦在凍傷之處，將燙傷的手遞到熱源附近，直到開始覺得疼痛，又或喝一點酒以治療宿醉。因為跟問題相似的東西刺激了反應，因而治癒了不適。

當你剝洋蔥時會流眼淚和鼻水。每次發生這種情況時，都是對紅洋蔥（*Allium Cepa*，使用其拉丁文名作為順勢療法療劑名稱）作為一種順勢療法療劑的基本測試或驗證。這意味著當有流眼淚和鼻水時，紅洋蔥是其中一種可用於治療感冒和花粉症的療劑（它只會在所有症狀吻合時發揮作用）。

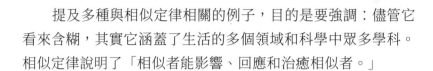

提及多種與相似定律相關的例子，目的是要強調：儘管它看來含糊，其實它涵蓋了生活的多個領域和科學中眾多學科。相似定律說明了「相似者能影響、回應和治癒相似者。」

順勢療法是說明這定律的一個重要示範。

文學中的相似定律

這定律偶爾還會出現在文學作品之中。文學的力量在於它能夠反映現實，文學從沒被視為科學，但偉大的文學作品，都是基於作者對人類經驗的主觀薈萃分析。

莎士比亞曾讓麥克白（Macbeth）說這些話：

「酒把他們醉倒了，卻提起了我的勇氣；
澆熄了他們的饞焰，卻燃起了我心頭的烈火。」

矛盾的是，在戲劇中影響著麥克白的事件，卻以相反方式影響其他主角。麥克白被感動或刺激時會出現相反的反應，這是因為他跟別人處於不同的狀態。

莎士比亞也在《羅密歐與茱麗葉》（*Romeo and Juliet*）中寫道：

「不，兄弟，新的火焰可以把舊的火焰撲滅；
新的苦痛可以減輕舊的苦楚；
頭暈目眩的時候，只要轉身向後；
一椿絕望的憂傷，也可以用另一椿煩惱把它驅除。」

給你的眼睛找一個新的感染，

你原來的痼疾就可以霍然脫體。」

最末兩行至為重要，因為這實際發生在人類健康上；一個新狀況可以把舊有的取代和消除。例如：有時在發生急性疾病期間（如咽喉感染時），慢性疾病會得到緩和。有些相關的東西就如順勢療法療劑那樣運作，從而取締了疾病。

順勢療法在 19 世紀傳到印度時已被欣然接受，可能是因為相似定律在印度文化及其古老醫療傳統中早已成立。一部比順勢療法提早數百年前寫成的古老著作——《巴維特往世書》（*The Bhagwat Purana*）記載：

「當生物接受一種物質而引起疾病時，同一種物質若經特別方式處方，就會消除那相似的疾病，這難道不是真的嗎？」

共鳴

當兩件物件以相近的速率振動就會產生共鳴。如果有人敲響一部鋼琴的中央 C 琴鍵，那麼附近鋼琴奏出的中央 C 音調也會產生共鳴。這展現了相似性的力量：相似的事物可互相影響。在某些條件下相似性會有一種放大效應，但有時也會是中和反應。歌劇歌唱家嘉羅素（Caruso）會敲一敲水杯，然後唱相同的音符，水杯就會粉碎。研究共鳴的研究員特斯拉（Tesla），有一次幾乎弄垮自己辦公室旁邊的建築物，因為震盪器與建築物產生共鳴，幸好他及時摧毀那震盪器。

　　這也跟以下描述有關，一排排的陸軍是不准以步操方式橫過橋樑，因為共鳴會導致橋樑倒塌。

　　共鳴對整個科學來說是很重要的。這尤其應用於物理學——在聲學和核子物理學上，假如它們存有共鳴的話，細小的影響也可以有巨大迴響。

　　在生物物理學上，共鳴是十分重要的。生物物理學是一門正在迅速發展的科學，它將物理學的方法帶進生物學世界，這學科已經發現在許多生物過程中，共鳴是很重要的。

　　「如果疾病過程涉及對震盪頻率的干擾……它應該透過同步或微調被帶回一個平衡狀態，也就是說，藉著與另一個震盪器互動來改變頻率。依據這個概念，順勢療法療劑作用於患者的方式，猶如一種外在指引頻率。」[74]

　　癲癇就是個很好的例子。腦部電子活動出現循環紊亂，如果順勢療法療劑引發出一個相似的循環，就能中和現有的病理循環，讓正確的得以重新建立。

　　由於共振的力量，系統可能會視情況而受到接近自己的頻率影響，因此而增強或減弱震盪。兩個系統之間沒有物質的流動，只透過它們的相似性互相影響。

何以順勢療法療劑一定要與疾病相似

　　順勢療法證明病人的調節系統如果得到適當刺激，可以有助提升健康。正確的刺激就是一個模擬疾病狀態，它令生物有機體產生一種痊癒反應。我們往往低估了身體的智慧，大部分疾病在沒有任何藥物下都能痊癒。當他們沒有這能力時，那麼生物有機體便需要適當協助。順勢療法療劑與身體天然機制起作用，引導它們到正確的方向。

　　這就是為何順勢療法給予的療劑要與疾病相似。順勢療法療劑充當疾病的一個變化形式，人類有機體能夠對它作出回應。回應方式就是為重建健康過程作出必需的重組。一旦刺激啟動了反應，有機體與生俱來的痊癒智慧將會採取任何必需行動。

例子：治療失眠的順勢療法療劑——咖啡

　　當我們想要保持警覺和動力、快速思考和富於機智時，就會喝杯咖啡。物質劑量的*咖啡*（*Coffea tosta*）（咖啡豆經烘培、研磨、沖泡後得出的液體）可使人產生此狀態。但若我們正處於那種亢奮狀態而又不想那樣時，又該怎樣做？或者在一場非常激烈的會議或派對後的晚上，我們發現自己無法放鬆；又或者發生了令人相當振奮的事，腦海中滿是主意，身體坐立不安，但同時又覺得很疲累，在這種情況下，順勢療法劑量的*咖啡*可以中和這種狀態，從而讓病人得以入睡（大部分失眠個案都不會對*咖啡*療劑有反應，只有當所有症狀吻合時才會有用）。物質劑量引發該症狀，而順勢療法劑量則中和它，方法是通過提高有機體的反應來對抗它。

經加能的相似性

　　唯有結合加能法和相似性兩項原則，才足以全盤顯示它們的治療潛力。順勢療法療劑與疾病的相似性，提供了一個模擬疾病的訊息，並通知系統要對它作出反應。加能法將此訊息提高至超越身體實質層面——它使訊息傳遍整個有機體的組織網絡（見第七章），並激發整個系統的回應。拿個比喻來說明：順勢療法療劑就像一面鏡子，使系統能夠意識到問題所在。

　　這跟我們應對日常生活問題的方式同出一轍。一旦我們察覺到問題，一旦我們「開始有頭緒」，我們就能處於一個更有利位置去作出適當反應。認清問題是解決問題過程中的一個步驟，所以對相似性的理解是十分重要的。認清問題會帶來行動，在認知和感知的心理過程中，相似性這個角色的重要性眾所周知。

第七章　生命系統

加能法和相似定律是順勢療法中，兩個最顯著的原則，但內裡還有更多。順勢療法是一個整全醫療系統 —— 它整合出關於生物有機體以及健康和疾病的一套全面理解。要處方一種療劑，順勢療法醫生要收集的不僅是疾病資料，還有患者整體的一切，並會在這個基礎上決定療劑。療劑會激發患者整個系統，令它運作得更好，並發揮自癒能力。本書的餘下章節，將會說明這種整體全面的方法，現在是如何被科學新發展 —— 系統科學（Systems science）及複雜性科學（Complexity science）—— 去證實。本章討論的主要是科學，而非順勢療法。後續的章節會逐步回歸順勢療法，顯示這新科學如何證實順勢療法對健康和疾病的效用。

這種科學從嶄新角度去檢視世界一切，結果科學由此根基向上變化，這改變了我們看待自己和疾病的方式。本章試圖說明我們如何重新認識自己，視人類為複雜生命系統的理念現已啟航。

「生命的精粹，在於其組織而非分子之內。」[75]

系統科學

系統科學無所不在，它可以用來研究單一細胞以至整個有機體，或是一個城市、一個國家，甚至是地球本身。系統科學幾乎可被應用於任何事物，從一個人收拾辦公桌的方法到整個宇宙。它研究各事物如何於自身環境中整體運作，以及各部分是如何與整體聯繫。它可以包括最簡單的系統（例如：捕鼠器），以及最複雜的（例如：人腦），並為學習所有事物提供一種啟發性方法。

系統科學對科學而言是個激進的改變。它將重點從各個部分，轉移到部分與部分之間的連接，以及事物如何與其他一切產生關係，從分析、觀察到整體的理解。它顯示了身體如何因應器官在整個有機體中執行不同功能，然後把器官細心塑造。它著眼當中的模式和相互關係，並讓我們看到高度發達的系統（例如：人類）運作過程中網絡的重要性。如果沒有這樣的見解，我們對自身的理解只局限於片面，而視自己為一堆散件的結合。

系統科學幫助我們留意一直被我們忽略的事物，例如：機器和生物有機體之間的差異，因為它提供了一種觀察、描述及研究當中區別的方式。它提升我們對眼前事物的理解能力，亦向我們展示我們錯過了多少。它不但可以應用到物質層面，也可應用於無形的東西，例如：情感、思想、文化、民族。在某種程度上，它為所有事物提供一套理論，因為它，賦予了一切意義。

量子物理學認為，我們不可能完全理解任何事物，而系統科學也揭示了此等知識通常不是必要的。更重要的是理解萬物如何在其他系統之內，以一個系統的方式運作。

最重要的是系統科學把「所有事情都有一個基本層次」這主意拋開，比如人體中的有形物質，曾被視為我們生命最基本和最重要的層次，亦是健康和疾病的基礎。但系統觀點卻告訴我們事實並非如此，人類有機體的組織網維持著肉體和心靈，從而決定他們的健康。

人類的精髓在於器官和細胞之間相互關係的模式，以及諸如此類。這是一個物質和能量的網絡，組織活動經常處於流動狀態；人體內的所有分子會定期更新，但身體卻仍然保持相同。

突現

系統理論中的一個關鍵概念是突現。當系統內出現複雜性，「突現」這過程就會發生，例如：在生物有機體中，它看來是無中生有的。當簡單的事物一起運作，可能會出現一種程度令人驚訝的複雜性和規律。在突現本身出現之前，我們看不到明顯跡象——圍繞在我們周遭、生命不可或缺的突現現象，會被我們忽略或視為理所當然——因為我們身上沒有用來觀看它們的鏡頭。我們假設一件事物的最微小部分，可以用來解釋整體。

舉例來說，黏菌（Slime mould）是一種非常簡單的有機體，相當於一種真菌，沒有類似腦袋的東西。你可能會發現它沿著你的花園小徑生長。然而它卻展現出，我們從前認為需要腦部

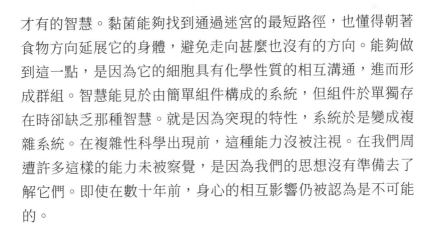

才有的智慧。黏菌能夠找到通過迷宮的最短路徑，也懂得朝著食物方向延展它的身體，避免走向甚麼也沒有的方向。能夠做到這一點，是因為它的細胞具有化學性質的相互溝通，進而形成群組。智慧能見於由簡單組件構成的系統，但組件於單獨存在時卻缺乏那種智慧。就是因為突現的特性，系統於是變成複雜系統。在複雜性科學出現前，這種能力沒被注視。在我們周遭許多這樣的能力未被察覺，是因為我們的思想沒有準備去了解它們。即使在數十年前，身心的相互影響仍被認為是不可能的。

如果黏菌的智慧無法透過結構成分解釋，那麼只能經由它們的相互聯繫來說明，然而在更複雜的有機體（例如：螞蟻），會潛藏著一股更龐大的突現智慧。螞蟻的進化程度較高，並擁有特化的部分（例如：足和腦部）。除了每隻螞蟻的複雜性之外，還有整團螞蟻的複雜性。這些蟻群都是科學家拿來研究突現的題材，因為牠們是由數以千計相對簡單的單位（個別螞蟻）所組成的複雜社區。牠們組合起來的方式，並不是把所有個別螞蟻的腦袋加總就足以解釋。冥冥之中，整體總比部分的總和為大。突現就是透過簡單建立複雜性，以及經由合作進化出智慧。在複雜性中，2 加 2 相等於 5。

另一個展現複雜系統智慧的例子，就是白蟻（Termites）在建立自己巢穴的時候。白蟻巢在規模和複雜性方面，相當於我們的大教堂。牠們可以在巢穴內建起兩座高塔，然後將之彎曲，使它們完美地形成一個拱形。即使以一塊鋼板阻隔兩邊，牠最終還是可以辦到。系統內的運作存有一種智慧，並非來自任何個別白蟻。它似乎是無中生有的。

　　人類有機體有許多層次——從原子到分子，再到異常複雜的單一細胞；由個別組織（例如：肌肉）到器官（例如：肝臟）——由這些複雜的個別組織組成，再到器官系統（例如：內分泌系統）；最終構成整個有機體本身。我們可以將這情況想像為複雜性的多層次延伸，這些層面互相疊合，使複雜性多次倍增。當中有很多溝通訊息穿越這些不同層面。有一個過程（連結所有這些層面的）可以拿來當例子，那就是鈣的新陳代謝，這機制維護我們的骨骼強壯。這得從消化酵素的製造開始說起，目的是吸收我們早餐中的鈣，並繼續新陳代謝、儲存和分配到我們的骨骼。體內還有數以千計具有同等智慧的活動發生，而且遠比這些更具智慧的活動正不計其數在進行。其中一個例子是「作戰或逃跑」（fight or flight）反應，這是生物有機體通過腎上腺對威脅所作之反應。隱藏在我們的肉體和精神之中，我們擁有一個支援生命的網絡，它把所有結合在一起而成為整體。這個網絡不是我們任何部分或多個部分的特性，卻是各個部分湊在一起運作的結果。對人類生命和健康最重要的是身體組織之運作，而非肉體本身。

案例三十 CASE STUDY 🔍

　　一名男子經常復發坐骨神經痛，有時候他會被迫臥床，而有時需要用拐杖走路。病情通常是在勞累或壓力之後發作，即使他知道自己應該停下來，但他還是傾向感到被迫繼續堅持。他是一個工作勤勞的人，而且充滿怒氣，只是他一直控制住。

他對失明有一種難以解釋的恐懼。通常，他的坐骨神經痛對馬錢子反應迅速，因為馬錢子正是他的體質療劑，而對失明的恐懼是這療劑的一種罕見特徵。這意味著馬錢子是特別為他的身心系統而選擇之療劑，療劑會刺激他的系統自癒。這個過程甚至可治癒好像坐骨神經痛等問題。坐骨神經痛是一個確切的肉體問題，但實際上是身體組織運作的力量治好這毛病，這類個案的數目令人驚訝。

人類的奇蹟：生物的複雜性

人體的「複雜」層面十分驚人，有著天文數字的細胞。然而，複雜性層面更令人難忘。在複雜性科學中，複雜性是不同於複雜（Complication）的。複雜性是凌駕純粹數字之上的另一個範疇；當系統內的各部分相連，而且懂得回應對方時，就會得出令人驚奇的額外可能性。即使在一個比較簡單的複雜系統，因為互相聯繫，也會得出嶄新的特性層面。這些特性不可能屬於系統的任何物質成分，而是屬於整個系統。

複雜系統（好像人類有機體）擁有很多部分，可以一組一組的運作，然後組成系統。這些部分又連接到其他群組，並與對方「交談」。這個相連的網絡既複雜又多層次，但真的令人敬畏。體內有一種遍及全身的回饋系統。我們所有器官、腺體和身體各部位，都是相互關聯的，當中「互相聯繫」這範疇賦予我們功能和能力，這是各部位以一種簡單（即是：非複雜）方式共同運作下，永遠無法達到的結果。個別部分有時可以改變它們的輸出物，甚至會被損壞或移除，但網絡卻可作出補償。

其他部分可能會接管某些功能，或網絡會調節內部活動的平衡。在這種複雜性上，即使各部分或它們的活動發生變動，整個系統仍趨向保持穩定。複雜系統的這類功能，許多都是物理分析無法探測的。

當我們細心思考整個人，並意識到整體的所有活動，我們必然感到震驚和敬畏。人體內有微小管道負責輸送血液，其直徑是由腦部發出的訊息調節，這機制控制著全身的血流。有些血液流動到大腸吸收今早早餐的營養素，同一時間，部分昨天的早餐則提供著脊椎內鈣質的結構性替換，還有另一部分正在腎臟跟其他廢物混雜一起。當腦部思考著中午的最新世界新聞時，如果飢餓訊息突然閃過，也會令人想到要吃點甚麼來當小食的問題。

從出生到死亡，消化和吸收每天持續 24 小時運作。然而，這只是整體的一小部分，也是我們體內無數環環相扣過程中的一個。我們甚至還未提及呼吸、或生產紅血球細胞、或荷爾蒙活動。但僅這一項已涉及三個人體系統——消化系統、循環系統和神經系統。這個相互聯繫十分驚人，我們存在的每一刻都是靠難以想像的複雜性來成就。

人類會同一時間協調體內數以百萬計的調整程序——例如：適應細菌和壓力、溫度變化和爭拗、割傷和侮辱、在花園裡過度勞累和工作期限。我們的身體總是極其忙碌。自動痊癒和維護過程都是徹底融合、持續、無意識和自我調節。當然，直到出問題之前，我們都把這一切當成理所當然。

管理的階級

從單一細胞到整個有機體之間的所有階段，聯繫性和複雜性都有所增加，所以組織上的複雜性逐漸增加，最後形成一個管理的階級。精神和腦部位於管理階級的頂部，下丘腦和腦下垂體在下一級執行命令，然後到處蔓延。

至於管理階級的底部，會有多樣性和結構相對簡單——例如：在肌肉的大量細胞。向上探索的話，多樣性仍然持續，但複雜性則有所增加和提升。腦部擁有天文數字的腦細胞和神經元，但同時亦有更多的複雜性。那些天文數字構成的相互連接和網絡，建立起一種龐大的複雜性，人類腦部是宇宙最複雜的東西：

「它皺皺的，重約三磅，具有熟透牛油果的質感。它複雜到足以駕馭原子和分子的運動，在瞬間指揮小提琴演奏家的手指，或是透過光線在我們那雙二維的視網膜上晃動，而呈現出三維影像。同時它也可以做夢、朗誦詩歌和設計笑話。它是無與倫比的，因為它能夠思考、溝通、推理。最引人注目的是，它對其身份、存在的空間和時間有獨特意識。歡迎你來認識人腦，這座複雜性的大教堂。」[76]

已證明人類腦部會比宇宙更加難以理解，因為宇宙是以相對簡單的定律來運作。生物學也比物理學複雜得多。

「天文學的大數目是用加法得出的，它們的產生是因為我們計算龐大數量的恆星、行星、原子和光子。如果你真的想要

巨大數目，你需要找一個地方，那裡的可能性是以乘法計算，而非加起來的總和。因此，你需要複雜性。若要見到複雜性的話，你需要透過生物學。」[77]

「一個人腦的迴路會有幾十億個神經元。那些神經元當中產生的突觸，至少有 10 萬億個，而且形成神經元迴路的軸突（Axon）長度，加總起來有數十萬公里。」[78]

人類腦部是「複雜性的大教堂」，而人類有機體有一內置功能，作用是犧牲其他功能來保護腦部。這部分可以在處於巨大壓力、失血等情況時得到確認，那時「休克」反應開始發揮作用。血液會轉移到腦部，因為腦部缺血生命就無法維持多久。因此，皮膚是策略上可短暫犧牲而又不會危及生命，待緊急情況過去後，才會恢復正常供應。為了保護有機體的總部，皮膚會變得冰冷和蒼白。為了確保最重要的部分繼續運作，其他身體功能亦可作出改變。

人類有機體內有一個由上而下的組織網絡負責運作，它維持整個系統的健康；而純粹認為人體健康是由下而上的簡化觀點已經被科學否定。簡化論相信整個有機體可以透過各部分功能來作解釋，例如：疾病完全是由於分子因素引起。

　　這個案展示出順勢療法的痊癒過程，以不同階段走遍系統。順勢療法認為人類有機體是一個階級的系統，最高層次和最近期的問題該得到優先處理。如果有人長久以來擁有多種健康問題，痊癒方式在時間上是以相反順序，而在系統上的痊癒方向則是由上而下。

　　一名 64 歲男性已患關節炎多年，他以為自己一定要忍受痛苦，但他在一年前開始出現鼻竇炎，他感到不能承受 —— 因為他會在早上嚴重頭痛，在服用順勢療法療劑硝酸（*Nitric acid*）之後，鼻竇炎很快好轉，而他的關節炎亦逐步改善。順勢療法預料最近期和最棘手的問題會首先好轉。其他順勢療法療劑對關節炎也有幫助，他漸漸回復至非常忙碌及十分活躍的狀態，但他的皮膚卻變得非常癢。表面上看不到甚麼，但他一定要搔癢，於是皮膚變得疼痛和破皮，有時還會滴水和起鱗屑。他說這樣會使他抓狂，尤其是例如當他感到溫暖、在晚間時分；這情況大約維持了一年，在服用扁豆（*Dolichos*）200C 後的當月症狀消失。他現年 80 歲，和以往一樣忙碌，而且再也不用遭受任何從前問題的困擾了。

　　他的健康問題是由上而下、由內而外的被排出，最終產生皮膚問題，它是痊癒過程的最後階段。

　　療劑消除疾病的模式十分有系統，現在他已完全不需服用任何療劑了。

生命的複雜性

複雜系統內在建有系統階級，特別是生物系統。

「……在我看來，複雜系統的科學不言而喻就是一種因果關係、動態和可理解的細胞秩序描述，它需要把分子化學自下而上的觀點，與生理學自上而下的角度緊密結合。」[79]

複雜系統並不能以平常方式去理解或描述。就如研究生物學中複雜性的先驅伊莉雅·普歌堅尼（Ilya Prigogine）所說，若將它們與其他複雜系統比較，就會更容易了解他們的重要特徵，需要做的不是分析他們或將其拆解為次組件。[80] 例如：人類有機體（甚或是人類有機體的一個細胞）可以與一個國家相比，這有助於突顯它的一些複雜性，並幫助我們了解當中一些重要特徵。皮膚是一個自治區的邊界，在皮膚內側，物質的每個原子、組織的每個細胞，都是高度組織化、人口密集國家中的一個公民，而每位公民都擁有「社會」和「經濟」責任，並提供所有需要，所有的廢棄物都會被回收或處置，它擁有自己的邊防巡邏和保衛隊伍，就像它是國家的一部分，亦具有組織和管理的階級。

「作為一個頭腦簡單的物理學家，當我以分子角度思考生命，我一直提出的問題是：所有這些無意識的原子如何知道該怎麼辦？活細胞的複雜性是無邊際的，它的精巧活動類似於一座城市……這一切都在四周分子沒有老闆下令的情況下發生……但不知何故，這些沒思考能力的原子同一時間得悉，並極之準確地演出生命之舞。科學可曾解釋得到如此一個壯麗的

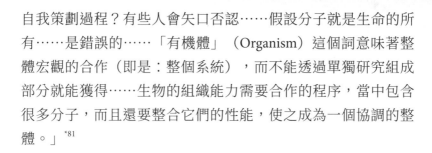

自我策劃過程？有些人會矢口否認……假設分子就是生命的所有……是錯誤的……「有機體」（Organism）這個詞意味著整體宏觀的合作（即是：整個系統），而不能透過單獨研究組成部分就能獲得……生物的組織能力需要合作的程序，當中包含很多分子，而且還要整合它們的性能，使之成為一個協調的整體。」[*81]

這些過程是神秘的，即使在簡單的物質上也存著奧秘。上述同一位作者接著說，由於海森堡不確定性原理，我們現在認識到，我們無法知悉關於原子的所有，我們也無法同時知道其位置和動作。量子物理學創始人——尼爾斯‧玻爾說，生命隱藏秘密的方式與原子雷同。物質和生命都有一些根本不可知的事。根據這個觀點，物質和生命都有一種令人看不透的神秘感，只是奧秘之處不同。生命不可能源於物理學定律，人類有機體進化已超出簡單的物理學。生命是初步難以理解的物質，向上堆疊而來的另一個謎。

「這就像試圖解釋一隻風箏，如何能夠演變成一隻無線電遙控飛機，如今我們理解的自然界法則，能否解釋這樣的一個轉變？我並不相信它們可以。」[*82]

要理解生物有機體，科學就必須徹底改變。

電腦的比喻

電腦鼓勵我們以複雜系統思考，因為我們操作電腦也不知道它們是如何運作的。使用電腦，我們需要一個新的思維模式，

一種新的方法。相對於操作一台機器,操作電腦是關於指揮一個系統,而非操作一個機制。當修復機械裝置時,重點是找出故障的部分,然後維修或更換它。通常在維修電腦時,我們需要了解系統的智慧,而想出如何給它正確的指令。一個如電腦或人類的系統,有自己的智慧和自身組織。於它們的水平上,與那些特性合作是必要的。電腦需要由組件組成,但卻不僅限於其組件成分。設置在它們之上的系統,賦予它額外的功能。系統是一個資訊處理的網絡,這個軟件需要硬件,亦同時超越了硬件。

當這種理解套用到人類身上,表明了人類有機體需要人體的組件,但也同時超脫這些組件。

複雜系統、整體論及藥物

從一個複雜性(複雜系統)的角度看待事物,有助我們了解其全面性質,即使我們沒法解釋,這個整體性質是如何透過內部持續的。儘管它們不能被分析,但仍可以研究其性質。即使其機制尚未知曉,它的性質和功能仍可以被理解,而實現其目的之有效性仍可被評估。複雜性科學就是整體的科學,矯正了簡化論,因為簡化論一直錯誤提倡將系統分解為物質部分,然後認為除此而無它。量子物理學已經證明物質是整體的——不是僅僅透過其組成部分就能完全剖釋。物質大於各部分之總和,因此,生物有機體內的物質以同一方式運作並不叫人意外。相反,簡化論一方認為,如果替換了有問題的部分,人體就可以完全痊癒。

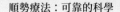

複雜系統的科學肯定了整體論（把事物視為一個整體來研究）。它們共同遵循下列方向：

✓ 整體比各部分的總和為大……
✓ 所有事物都與其他所有事物相關連……
✓ 各部分不能被分開理解……
✓ 整體決定各個部分的性質……

人類也有些東西會比各個部分加起來的總和為大，整全醫療系統就是以這種角度來看待。

整個有機體的痊癒能力

20 世紀 70 年代，英國的雪菲爾兒童醫院（Sheffield Children's Hospital）發生了一項文書錯誤，造就了一個非常有趣的發現。一次意外中，一名孩童的手指指尖被切斷，失誤就是傷口未被縫合就包紮了。幾天後，醫生確實看到手指已開始再生，很快指尖就完全康復。往後，醫生便讓類似的傷口處於敞開狀態，而不用縫合。她記錄了數百個指尖重新生長的孩子。事後證明，如果只是切斷指尖，而沒有第一關節的問題，而且切口乾淨俐落，孩子年齡又在 11 歲以下，三個月內經常會重現一隻完美的手指。但這個結論不被廣泛接受，顯微手術仍是慣常做法。不經手術處理的痊癒，需要許多組織以高度有系統的方式再生，類似在子宮裡孕育孩子一樣，這種再生被廣泛認為是不可能的。一切事物是可重建的：肌肉、皮膚、神經、骨骼、血管、軟骨、肌腱、指甲以及甚至指紋。[83]

人們普遍接受這種再生能力只存在於某些原始的生命體，例如：蠑螈（Salamanders）和一些爬行動物。通常用於這類動物實驗的，是一種全新的扁蟲生物，能夠透過被割斷的部分重生，由頭部或尾部，甚至從一個切片也可以。

不是每種創傷都能透過上述方式治癒，然而這個例子要說明的是，唯有對生命作整體理解，才可解釋其實各生物有機體有著不同程度的自癒能力：

再生過程表明了在某程度上，有機體擁有超過其各部分總和之完整性。「扁蟲的一個部分……隱含了一種超越實際物質結構的整體性……它可以變化成一隻完整的蟲。」[84]

這個過程不可能來自有機體的最細小部分、分子、DNA或基因，因為不同細胞可以擁有相同基因。有些事情現正發生，只是尚未被好好理解，也許永遠不能完全了解，這就是一種突現的現象。

它跟一整堆結晶體可以從一個結晶體增長而成，以及一段細小的插條，可以長出整棵楊柳樹的方式類似。

它也類似於全息圖（Hologram）的運作方式。從種子或其他出發點，一些不存在的東西也可以出現。

「醫生們早就知道，肝臟可以透過代償性肥大，取代由於創傷失去的大部分體積，肝臟內的細胞不但會增大，還會增加它們分裂的速度，所以即使摧毀的結構不能被恢復，但仍可保持肝臟的化學程序。同樣，一個腎臟受到損害時，可以經由增

大另一邊腎臟來補償，而不需要重建腎小球中像迷宮般複雜的
微管。」[85]

於相互聯繫網絡中應對改變，使有機體進化得以成功，如
此一來即使基因也可以改變。

有機體對威脅健康的事物，會作出具組織性和相互協調的
反應，並且不局限於有機體的任何單一部分。這些反應源於「總
體大於各部分的總和」，它們往往被傳統醫學低估，而且也不
屬於當中任何專科或部門。

人類作為複雜系統

如果我們從系統的角度來看大型生物有機體，我們可看到
幾個重要特徵。它們都是開放的系統，與封閉系統相反，這意
味著它們會與自身環境互動。例如：空氣、食物和液體，以及
訊息也會自系統不斷進出。

同時，生物有機體與熵（Entropy）對著幹——也就是說，
有機體是有組織的，奮力於保持或增加其組織的水平，而不是
重新陷入解體。

它們包括子系統，並融入它們的活動。它們在多樣性（例
如：細胞、器官、社團）的平台上運作，擁有的特性適用於多
個層面——在所有這些複合層面之中，仍保持組織的連貫性及
互動。

它們還會作出回饋作用（Feedback）。回饋是系統科學，以及透過系統角度去理解人類的核心。

「回饋象徵著任何工序結果的相關資料，都會被回傳到它的源頭。」[*86]

回饋訊息回到程序的起始點，這時如果它增強了原有的作用，就稱為正回饋（Positive feedback），然後產生更多變化。其中一個例子就是全球暖化，因為氣溫升高會釋出一種溫室氣體——甲烷（Methane），引起了全球暖化，正常情況下長期凍結的底土也被融化。全球暖化會導致更嚴重的全球變暖，這就是所謂的正回饋。如果回饋減弱原有作用，就是趨於恢復平衡的負回饋（Negative feedback）。生物有機體隨時需要任何一方來維持健康。如果該過程對整個系統具有損害性，回饋就會是一種惡性循環，使問題惡化，最終可能變得具破壞性。

高度發達的系統（例如：生物有機體），其中一個顯著特徵，就是多重互動作用的回饋迴路。它們將循環引進本為線性的機制中，也就是說，它們使自我調整變為可能。

配備了複雜性科學的概念框架，我們對人類有了新認知。結果是懂得欣賞人類有機體的整體性，以及它如何保持健康或致病——還有它如何經由整全的療劑被治癒。

案例三十二 CASE STUDY 🔍

　　一名 25 歲年輕女性，已持續四個月出現頭痛和偏頭痛，並到了容忍的極限。她的神經科醫生處方了阿米替林（Amitriptyline），如今每天 80 毫克。在服藥的第一個月她已喪失平衡，現在光線會令問題惡化，她被禁止在夜間駕駛。要是能夠入睡的話，睡眠是唯一的幫助。她常常感到熱，尤其是最近，也不知是否由於藥物引致。如果在做健美操時覺得太熱，她會走出房間，現在則改為游泳。偏頭痛使她迷失方向，她曾經在市區迷路。

　　在順勢療法中，這個案的其他重要特徵包括：她抵受不了對芝士的熱切渴求，當由於偏頭痛而感到噁心時，會渴望吃鹹味的東西。她一向都睡得很差，因為她會感到很熱，尤其是頭部，在治療期間她服用了*硝酸銀*（*Argentum nitricum*）10M 這療劑。

　　於四星期後的跟進會診時，她已沒有偏頭痛，但仍然每天頭痛，她自己覺得前路也算光明。

　　四個月後，她已經甚少偏頭痛，但頭痛仍持續。過熱令情況更糟，隨時都會潮熱。現在她經常哭泣；一旦開始了便不能停止，她在看醫生時也會哭。病人現在呈現*白頭翁療劑*的圖像，而在使用這療劑後，病人經歷更進一步的改善。

　　這是一個分為兩個階段治療的例子，當中兩個不同的療劑，在康復之路上都是必要的。在服用第一種療劑之後，有機體部分自我治癒 —— 它將她的系統更新為更佳的模式。結果出現了一些新的症狀圖像，顯示她現在需要另一種療劑，那療劑完成了痊癒的複雜過程。

複雜系統的特徵

　　總而言之，我們可以說複雜系統擁有以下特徵：

- ‧ 各部分和整體之間具有互動作用，一切事物都連接到其他一切……
- ‧ 即使各部分騷動，系統也傾向具有整體的穩定性……
- ‧ 系統是不可分割的；也就是說，部分與功能之間並無固定的相互關係，各部分的功能可以有所不同，也可以隨時間改變。
- ‧ 系統是不可分拆還原的；也就是說，它們有些功能是不能被分析的。
- ‧ 系統的屬性不可只歸功於任何一個部分；亦即它們有突現的屬性。
- ‧ 系統超越了機械概念的解釋。

常識的複雜性

複雜性之所以迷人，是因為那看來無跡可尋的嶄新可能。從某種程度來看，人體就像是一幅拼圖，其重要的特點是不可拆開來檢視，而是要組合在一起才可看到。

複雜性理論有助我們如實把生物有機體概念化。某程度上，這只是銜接了一些由來已久的常識。人體中有 90% 是水和 10% 是礦物質，但無論如何也不是只有水和礦物質。將人體簡化成水和礦物質就未能領會它的要義了，亦忽略了最重要的是——水和礦物質是如何組織，以及人類是如何被創造的。

將影碟（DVD）弄碎為它的化學成分：塑料和礦物質，便是錯過真正的影碟，即是電影——那儲存在內的資訊。物理成分只是運載收錄資訊的車輛。影片的呈現是透過編碼資訊，儲存在一個相對簡單的物件中。人類有機體潛在的突現屬性，相比於那些影碟的複雜程度，超過遠遠不止百倍。複雜性科學正在改變我們對自己的看法，並為醫藥帶來新的見解。

與複雜系統共事

對於這種複雜程度的系統，只有透過檢視整體才可被理解和評估——只評估當中任何部分，將無法解釋突現的功能，這些功能是屬於整體而非任何部分。這點可以免疫系統解釋，有效的人體免疫系統需要許多系統合作，每個系統都具有超越分析的複雜性。它不能經由測試任何部分或測定抗體水平而被評

估，因為作為一個整體的免疫系統遠遠不止於此。免疫系統是用來解釋複雜性的一個很好例子：它不位於任何部位，它幾乎無處不在，其效力並不能完全靠測試衡量。只能從我們的現實世界中通過觀察，才能評估它在維持我們健康上有多成功。高度複雜的系統（例如：人類）最易為人所理解，甚至可透過他們的反應而下定論。傳統醫學的方式就如對待機器，單獨處理各部分並不是最佳選擇。只對內部及分割部分進行研究是沒有作用的。簡單來說，最重要的是知道它們如何以一整體在環境中運作，以及知道系統相關於何種類型，它們的內部工作是次要的。順勢療法發揮這個原則——透過治療整個系統來治療任何健康問題。

系統科學和整全醫學

作為生物有機體，我們有自己的內置維修服務。但這不是我們體系內的獨立部門，它天衣無縫地融合到自身的整體。事實上，令我們保持活著的組織架構和能量，正是保持我們健康的組織架構和能量。在我們自己這般複雜的有機體當中，突現的屬性無處不在，並且對健康十分重要。在整全治療中，這些功能通通包含在痊癒過程中。

一個整全的醫學系統會治療有機體的突現功能。這些功能不存在於任何位置，亦不能經由化學藥物達到，唯有透過整全醫學方能到達，就如順勢療法。

案例三十三 CASE STUDY 🔍

　　一位婦女在生理週期前情緒都會變化。她變得非常鬱悶和易怒，會大聲喊叫、尖叫和扔東西。她認為別人話中有話、怨恨所有人並認為別人也討厭自己──尤其是她的丈夫，她開始認為這段關係會結束。墨魚汁是一種可涵蓋這些症狀的療劑，但只能發揮幫助兩個月，然後又進入一個非常糟的階段。她把晚餐扔到後門外，並將所有傢具倒轉過來，她揮拳猛擊弄得砰砰作響、高呼、尖叫和哭泣，她亦想過自殺。在服用飛燕草後，情況大大減輕，效果維持了五個月，之後每當重複療劑後都能改善，然後半年、一年，以及更長時間，問題亦隨著更年期到來而結束。

　　這個問題的出現，是源自接近生理週期時的荷爾蒙失衡，荷爾蒙和情感的複雜相互作用，經由系統自我調整而恢復平衡。

第八章 我們是自我組織的個體

在本章，我們進一步以複雜性科學方式去理解健康與疾病。人類不僅是複雜系統，而且是自我調節的複雜系統。人體除了具有不可思議的複雜性，這種複雜性還可以自我組織。

諾貝爾生物學獎得主伊莉雅·普歌堅尼證明了複雜系統有自我組織的傾向。這包括它們對環境變化和自身變化作出最佳反應。換句話說，複雜系統有讓自己保持最佳運作狀態的潛在傾向——即保持健康。這個發現引證了順勢療法的另一個基本原則——每個病人內裡都有一種痊癒能力和智慧。順勢療法醫生一直學習如何以加能法則，配合這種自我修復能力，製造出激發這能力的療劑。

熵（Entropy）vs 生命

熵是事物變成亂局、變得難以分辨的一種自然傾向。山被侵蝕成為泥，生物死後腐爛化成泥，一切事物都有變得混亂的傾向。然而，複雜性科學表明大自然有另一股可以抵消熵的力量，而傾向於建立組織。泥轉化成晶體或植物，然後再轉化為動物和人類，形式和規律都是從無形之中創建出來的。生命是世上其中一股龐大組織力量，它的影響力與熵相反。

自行調控和自我組織

　　天然系統具有自我調節的傾向，自我調節的情況在天然系統中隨處可見。例如：兔子會自行控制物種的總數：兔子繁殖迅速，因此食物變得短缺，最後導致數目再次下降。然後牧草又再度叢生，兔子蓬勃繁殖，數目再次增加。這是個重複的循環，打從有牧草和兔子的存在開始，自行調控的模式就自動出現。於海洋生長的浮游藻類也會自行調控，陽光照耀大海促進浮游藻類的生長，而浮游生物釋放出的氣體會形成雲，阻擋陽光。所以當浮游生物太多就會導致浮游生物數目減少，但當浮游生物太少則會促進更多浮游生物生長——如此類推，這是由於負回饋的緣故，進入一個自行調節的因果循環；這稱為動態平衡。直到最近，地球的氣壓和溫度也是以同樣方式調控的。

生命：物質的組織

　　自行調控可以是更複雜的事。如果我們可以從適當高度俯瞰一個城市，就會看到每個動作和活動、每趟旅程以及踏出的每步、寫下的每個字母和按下的每個開關等等，我們將看到一系列有目的之組織化活動。城市是具有高度自行調控的嚴密組織系統——它讓自身的供應、傳訊、經濟等等井然有序。我們也可以用類似方法研究人類——細胞活動簡直就像個螞蟻窩，有組織且有目的，內裡物質不斷轉變，進去時是空氣、食物和水，透過系統中的微觀過程被分解和吸收到各個個別細胞，再變成廢物離開。所有生物有機體都倚靠持續從外供應而來的物質，因此被稱為開放系統（Open systems）。它們與環境交換物質和能量，以維持自己的穩定狀態。它們亦倚賴安排

這些供應的內部恆常活動，這意味著它們不是處於靜止的穩定狀態——它們必須不停忙著持續工作。它們透過持續的生理程序來維持自身動態，以系統術語來說，它們是操作完全不平衡狀態的「不穩定開放動態系統」（Unstable open dynamic systems）。另一個意思大致相同的講法為，生物系統（和一些非生物的）是「耗散結構」（Dissipative structures），它們以不斷自行組織的方法來維持自己。要保持不變，就需要不斷改變物質成分。

生物有機體是個臨時形態，通過組織來維護物質的形成。就像是一條河，儘管河裡的水一直在變化，它仍是同一條河；即使人體的物質不斷在變，他仍是同一個人。身體是同一個身體，你見到的是同一個人，但物理成分已經是改變了。

這就像傳說中祖父的斧頭。即使更換了手柄，更換了刀頭，但那仍是祖父的斧頭。我們細胞的原子和分子恆常地通過細胞壁進出，身體中個別細胞的存活時間視乎器官及部位而有所不同，但通通都是有壽命限制的，所以這些細胞及其分子總是在變化。每天，大部分胰腺細胞都會被更新；我們的皮膚每分鐘會掉下一萬個細胞（形成屋內的塵埃）。某些類型的細胞只能活一個星期，而大部分都少於一年。長壽的細胞比例很小，例如：心臟和腦部的某些細胞，能活上好幾個年頭。[87]

生命是可以自行維持和自行更新的，穩定的是模式而非物質。長久維持的是形狀、形式和組織——而非內容；甚至連基因也是遵守這進程。我們是「河裡流水的漩渦，我們並非逗留在內的東西，而是當中貫穿的模式。」[88]

　　對相同事件的另一種說法是：我們是自行創建，或「自生」（Autopoetic）的：有機體不斷翻新進出自身的物質和能量來建造自己，我們的形態是由空氣、食物和水嚴密地組織而成。當有機體的構成細胞、分子、原子持續與環境進行交換（即是：進入和排出），形態才得以保持；但當組織瓦解，所有物質永久回歸大地時，這種模式才會終結。

案例三十四 CASE STUDY

　　一名少年採用順勢療法來處理疣的問題。在會診期間發現，若以順勢療法的術語來說，他很明顯是屬於氯化鈉體質。他隱藏自己的感受，不高興時會拒絕同情，以及擁有該種體質類型的其他特徵。

　　在治療的最初 10 天裡，那些疣已從他的雙腳脫落，他每天早晨也能在床上找到它們。疣在經過順勢療法治療後通常會逐漸消失，但偶爾也會展現戲劇性的效果。只有在身體容許的情況下，疣才得以生長。順勢療法重組了身體，使它不再提供有利於疣的環境，於是症狀消失。身體的系統對於肉體會有某程度的調節能力（氯化鈉不應被視為治療疣的藥物，而是適用於這個氯化鈉體質的人，他有長疣的傾向）。

體內平衡（Homeostasis）

從受精到死亡，自行組織系統必須在特定限制內保持自身，例如：不可太熱或太冷，否則組織不能維持生命。這是將形態強加在物質上時，一項恆常的絕技。

有機體會維持自身的「室內環境」——他們需要的內部環境。溫度、水分、維他命、礦物質、營養素、氧、荷爾蒙、酶、白血球等項目的水平，全都被控制在有機體要求的範圍內。這就是「體內平衡」，一種恆常性的狀態。在完全不平衡的系統（就如我們自身），時常需要驚人數量的活動，目的是要保持相同狀態。這能力源自面對系統內外的變化時，我們可以作出不合比例的反應能力。這些被稱為非線性回應。這裡有一個關於醫療的例子：如果藥物劑量加倍，不一定等於加倍有效，有時候份量減半可能會更有效。

「科學的未開發領域上，出現了有關物質和生命的新視野……有機體被視為高度自行調控、複雜、動態的系統，在某種體內平衡的程度上，顯示出一種無比穩定性……這種無比穩定性是不間斷的震盪（Oscillations）、節奏、網絡、放大和回饋循環等的結果。」[89]

要為生命下定義的確很難，但是生命系統有兩個重要特徵，那就是它們都使用外部能源進行自行調控，而且其運作絕不是邁向一個不動的平衡點（Equilibrium）。

自行調控的例子

關於自行調控在世界上的運作，以下是一些例子。

如果山脈變得過高，它們的重量會破壞下方岩石的電磁聯結（於是它會融化），而且可能會崩塌。山脈的高度是有限制的，因此，即使地質也可以自行調控。

現時腦部正處於它的最理想尺寸。如果再大的話就會變得沒那麼聰明，因為當中各部分無法像如今這麼有效地彼此交流。

物理學家告訴我們，物質內有四種基本力量在運作——引力、電磁，以及另外兩個稱為強力（Strong force）和弱力（Weak force），控制著亞原子粒子。如果弱力再強一點的話，在進化出生命之前，太陽早已燒壞了。但若再弱一點的話，那麼太陽系就不夠溫暖去支援生命。

在某些方程式的關鍵數值上，如果有極其細微的變化，即使變化只是萬億億分之一，甚至是小數點後 120 位，宇宙都不會誕生，我們的世界亦不會成真。

這一切都是設計好的？還是全都剛巧發生？這裡存在著智慧化設計的爭議，有些科學家相信有設計的證據，有些還相信有設計師或富智慧的創造者。

其他人猜測只要有稍微不同的法則，就必定會有大量的另類空間。我們不打算在此討論這問題。我們必然達成的目的是要認清，我們活在一個經過絕妙設計和自行調控的世界。而我們自己也是自行調控的，如果該調控失效的話，混亂就會出現。事實上，自行調控總是處於失衡和混沌邊緣。秩序取決於恆常組織化的活動，一旦這活動開始被破壞時，混沌可能發生在我們系統的任何不同範疇。我們的身體可以有很多出錯途徑，唯有透過自行調控，它們總是可以避免的：

「整個生物架構（由細胞組織和器官，以至系統和圖像）都是靠不斷執行建設計劃來維持生命，若重建和更新的程序被毀，就會經常瀕臨部分或整體崩潰的邊緣。」[90]

健康就像「走鋼線」，需要技藝超凡的多維「平衡力」以不斷自動調整，在我們不知不覺間，時時刻刻都有數以百萬計回饋迴路處於活躍狀態。正因我們如此複雜，所以有很多失衡的可能性。要保持平衡，體內平衡系統會為我們每個層面工作，並不是只有肉體：還有心理和情感。這是在變得過熱和結冰、低血糖和高血糖、細胞過度生長（形成腫瘤）和細胞破壞、內部管道黏液太多和潤滑太少、昏睡和活躍之間、理性和激情、工作和玩耍、與及所有極端之間的平衡。如果喪失了這平衡，有機體便會轉向，系統亦會變得混亂。所有這些失衡都是脫離最理想狀態的偏差，亦即是我們的疾病。

這使得健康看來脆弱和不穩定，但我們的自行組織系統經常是穩健的和有創意的，讓我們維持運作並帶領我們將來過得好。只是我們永遠都要依賴生命的組織能力。

複雜系統總是會做到最好

　　一個完善的生物有機體總是會時刻做到最好。它有保持現有狀態，甚至進化的傾向。遇到問題時，會以保持其完整性和生命為大前提來作出反應。

　　生物有機體當中有一些內置的東西，會維持它們的生命和健康。如果因為感染或任何影響的干擾，而影響到有機體的話，它就會採取措施消滅它們。如果它不能這麼做的話，它會儘可能維持系統的運作，並在缺乏組織的部分掙扎去重建秩序；自行調控當中涉及自癒能力。

案例三十五 CASE STUDY

　　這個案例展示出一個受情緒影響的系統，並因此而產生肉體症狀。系統不夠強壯以抵抗情緒影響，但卻有足夠能力把疾病局限於皮膚。

　　一名 31 歲的女性由於患有濕疹而求醫，她自三歲起就有這毛病。她全身都貼滿了濕疹膠布，情況自她第一次懷孕時開始惡化。懷孕期間她特別感懷幾年前失去父母的經歷，她的母親因癌症去世，父親則死於交通事故。她形容自己為「憂傷的靈魂」，並說自己不曾為他們而哭。治療期間濕疹變得越來越差——但除了皮膚問題十分頑固，她開始驚訝地發現自己感覺良好，她不再為父母而悲傷。過了幾星期後，她的皮膚穩步改善，後來她幾乎完全好了。

最初，這位病人的情緒會改善，但肉體卻變差。在順勢療法中這情形經常發生，自我感覺良好是康復的第一徵兆，在這種情況下療劑首先影響的是情緒層面，偶爾有必要先讓事情變壞，在這個案例上就是皮膚問題。對療劑產生一個接一個階段的反應，顯示系統本身有重組的邏輯。情感創傷令濕疹惡化，所以情緒需要先被治好。

整個系統對療劑產生的組織反應，會按照整全醫學的原則，這有助於解釋順勢療法並不是安慰劑效應。

資訊和「引領者」（Attractors）

有機體都有一個「建設計劃」，一種組織的模式。這種組織的模式可被視為「從內部形成」（In-forming）有機體的資訊（Information），它在生物和保持健康當中，擔當一個形成者和原因的角色，資訊會被嵌入有機體的活動之中。

這種多維設計控制了有機體的結構和功能，因為就如我們所見，結構是自行創建和自行維持的，結構和機能最終是會結合的，由於它們同樣是自我組織模式的產物。在空間中觀察到的模式是結構；在時間中觀察到的模式是機能。

模式總會存在於複雜系統內——一般來說有動作、功能、行為的模式。以系統科學的術語來說，模式是圍繞「引領者」而創製的。一個非常簡單的引領者例子，就是鐘擺擺動的休止位置。鐘擺來回擺動，總是傾向固定於最低點；這一點就是系統的引領者。引領者就是活動模式的焦點，也是經由互動力量影響的自行調控行為之呈現方式。稱它為「引領者」似乎賦

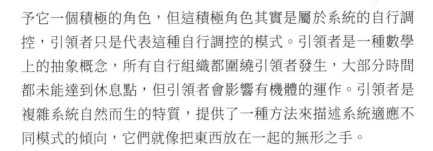

予它一個積極的角色，但這積極角色其實是屬於系統的自行調控，引領者只是代表這種自行調控的模式。引領者是一種數學上的抽象概念，所有自行組織都圍繞引領者發生，大部分時間都未能達到休息點，但引領者會影響有機體的運作。引領者是複雜系統自然而生的特質，提供了一種方法來描述系統適應不同模式的傾向，它們就像把東西放在一起的無形之手。

　　複雜系統當中引領者會比一個鐘擺的休息點更複雜，而引領者內還有引領者。人類有機體的組織是一種複雜模式，重點圍繞著引領者的複雜性。當中的一個簡單例子就是血液中的含氧量，血液循環系統會設法維持適當的氧水平，來應付由肺部供應氧氣，以及肌肉花費氧氣等等的變化，適當的含氧量便是循環系統的引領者。

　　無可避免的，複雜系統內會出現引領者，它們是系統按照簡單法則（例如：流失熱和消耗氧）組織自己的部分方式。在我們對有機體的理解中引入引領者，我們可看到塑造行為的過程中會有該種模式。有秩序，才有健康，這取決於我們身體的物質如何受這些模式影響。

　　「廣泛研究已發現多種生命系統──包括基因網絡、免疫系統、神經網絡、器官系統和生態系統，都可由二進制網絡代表（即是以『開／關』連接的網絡）展示多種非傳統的『引領者』。」[*91]

　　如果由合適的引領者控制，系統就會運作良好，從而得到健康。否則由不太合適的引領者控制，那就會成為疾病。

　　其中一個例子是創傷對人類的影響，創傷能干擾系統並使它以新模式運作，以那個新的不恰當引領者（例如：焦慮）作為定向。這會干擾系統，並產生症狀，直到健康的「引領者」再次接管。如果運作的是不恰當的引領者，系統便會發病。

複雜和混亂

　　疾病發生是不可預測的，而複雜科學揭示了何以這樣。複雜系統受到很多不同因素影響，即使相對簡單的複雜系統也是這樣，這使它們的行為難以預測。其中一個相對簡單的複雜系統例子就是水泥漿，內裡一致性是難以預知的。一致性取決於溫度、砂粒大小、水泥和水等的化學變化。如此簡單的混合物亦有其複雜性，當中任何一個因子出現微小變異，也會導致最終產物發生重大變化。如果有幾個因素轉變，變化可以倍數增加，即使那只是很小的變化。

　　「……複雜性讓我們得到教導：結果可能有千絲萬縷、簡化不了的原因。正如水泥漿的屬性會取決於很多因素，因此，我們的健康狀況亦如是。」[92]

　　人類比砂、碎石、水泥和水的混合物複雜得多，因為他們可以自行調控，所以我們能夠預期疾病可以有很多可能導因，而且是很難預測得到。只集中於疾病的單一原因——如基因缺陷、細菌等——是過度簡化。複雜科學強調多重因素和不可預測性——還有牽涉在內的額外因素，令不可預測性添上更多層次。

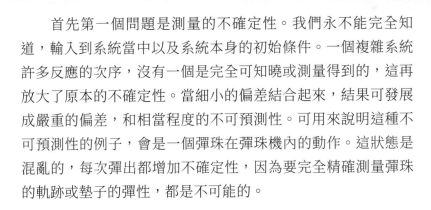

　　首先第一個問題是測量的不確定性。我們永不能完全知道，輸入到系統當中以及系統本身的初始條件。一個複雜系統許多反應的次序，沒有一個是完全可知曉或測量得到的，這再放大了原本的不確定性。當細小的偏差結合起來，結果可發展成嚴重的偏差，和相當程度的不可預測性。可用來說明這種不可預測性的例子，會是一個彈珠在彈珠機內的動作。這狀態是混亂的，每次彈出都增加不確定性，因為要完全精確測量彈珠的軌跡或墊子的彈性，都是不可能的。

　　除此以外，複雜系統還有另一種不可預測性。系統（例如：生物有機體，它有別於彈珠機）的複雜性，在系統對環境和內部變化作回應時，會給予許多選擇，有時這些亦會超乎預計。

　　這是另一種由複雜性引起的不可預測性或混亂，看來複雜性自行創造了一定程度的自由，一個由可預計法則規管的系統，也可以是無法預計的。出現不可預測性是因為我們了解得不夠，也因為複雜的事物本來就有點模糊。

　　「混沌」這字詞用於系統科學上，並不代表徹底混亂，而是有限可能性的混亂，或偏離可知的意思。它描述到一些不可預測的存在，相對傳統科學的觀點：人們認為只要對事物充分了解，一切都是可以預測的。

　　在這個層面上，人類有機體是在混亂邊緣運作——你不能每次都說出它們會作何反應，這對了解健康與疾病有著重要意義。

當然，很多人類有機體的活動是可以預計的，但混沌理論告訴我們，人類是活在或多或少有組織的混沌邊緣上。可以預計的是，偶然，難以預料的事情會發生。

分岔點：疾病的開始

無論是否可以預知，系統開始轉變並採取新運作模式的關鍵點，被稱為「分岔點」：系統的「決定性時刻」，它改變原來的運作方式，並以一個不同的「引領者」定位。分岔點是新健康狀態的開始，這個新狀態可以是比過去更健康或更不健康。

案例三十六 CASE STUDY 🔍

這位女性有多年睡眠問題，但拒絕服用安眠藥。她能很快入睡，但兩個小時後便會醒來，然後整個晚上輾轉反側，所以她寧願起床，不過幾小時後她會覺得很累。她的先夫曾經中風，她每隔兩個小時必須幫他翻身，她的所有時間都在照顧他。她甚至要負責把他脫垂的腸置回，即使她從來不喜歡做類似這樣的事。她說當他去世時，她堅強的走出來，也是精疲力盡的走出來。她永遠回不去正常的睡眠，她說她前來會診時怕得要死 —— 在嘗試新事物時總是非常謹慎，她還有嚴重的偏頭痛問題。

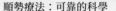

在服用療劑氯化鈉之後，她的偏頭痛停止了，她再次回復自己的舊模樣。疲勞也停止了，即使她仍然睡得不是很好。及後，她服用了馬錢子好幾星期，她一晚可睡五小時，這是她自從有子女後的正常作息時間。

或許偶爾安眠藥也可重組系統，之後不必持續服用，但順勢療法總是以這種方式來處理失眠。

混沌在健康上的角色

複雜系統於大部分時間都會避免重大改變：

自行調控會在有機體回應環境時發生，以維護它的體內平衡，使一切順利運行。具有高度適應性的系統會恢復平衡，並保留它的行為模式來回應多種變化。適應性較低的系統較容易失去平衡，即使最細微的事物，也會令一個極不穩定的系統受到干擾。有時候複雜的自我組織系統能夠突然作出重大的自我重組。複雜系統有可能是完全不平衡的，系統的行為有很大程度是取決於自身反應，較小程度是取決於回應對象。系統在某程度上是自決的，但有時也會非常敏感，很小的干擾也足以令系統超過臨界點。

系統內部對秩序的固有傾向通常很奏效。地球傾向保持在特定溫度範圍內，也傾向維持大氣中混合氣體的比例。然而，些微改變也可能會導致嚴重後果：「全球氣候的複雜性是溫室氣體水平逐漸上升，不一定會造成氣候逐漸變化的結果：它可以在某單一時間點上觸發一場突然的反常氣候。」[*93]

目前正在威脅我們氣候的災難性變化是毫無益處的。然而，混沌理論表示：此類危機在某些情況下，可以是系統中重新排序——重新恢復健康的源頭。有些危機可導致組織或健康「逃到更高水平」（Escape to higher levels）（由諾貝爾獎得主生物學家伊莉雅·普歌堅尼杜撰的片語），而非上述的較低水平。發生的條件是：系統要有儲備可供應用，以作出自行調控的反應，那麼要面臨的變化就不會勢不可擋。

重複週期的穩定性結束後，取而代之的就是進化的轉變——一個新的週期被採用。

當我們說複雜系統是在混沌邊緣運作，所指的其實不只是破壞、紊亂和疾病的邊緣，同時也是進化的邊緣。生物有機體不斷自行創新，就是要避免混亂。有時新的模式被採用，是因舊的一套不再有效。在這層面上，健康的適應和牽涉在內的進化，都能夠「觸及」混沌的邊緣。

系統懸在解散或再創造的邊緣那一點，具有特殊的屬性。在該點上有可能會出現自發性的自我重組，這是複雜系統最重要的特徵之一。這就是當痊癒危機出現時，系統有能力變得更好，所以有著良好的影響。這可發生在疾病上，並普遍見於兒童身上，有時孩子會在經歷童年疾病之後，才會走到一個成長階段，從而變得更健康，這種重組涉及個人進化的大躍進。

這種現象可見於人類腦部。它能夠「重新連接」（Rewire）自己，去重組它的活動——對自身發展作出反應。它按照自己的知覺來進展，所以腦部結構是會受到它如何感知這世界而影響。這是系統適應力強得足以放棄舊有模式來發展的一個例

子。在這情況下，接觸混沌邊緣就是新學習的源頭，腦部活動的一個全新組織。如果系統能好好應對混沌的話，便能產生一個嶄新、更為進化、更複雜的秩序，以及更靈活和更健康的系統。

免疫系統正是如此運作的——它透過與微生物會戰來學習。細菌和病毒最初可能會產生混亂，但如果可以，免疫系統會適應並學會如何回應。它會記住這一點，並在日後具有抵抗能力。有些混沌活動是十分重要的，它把免疫系統從舊有模式釋放出來，這是必要的，以便日後採用新的一套。出現在有機體某個層面的混亂，可以在另一個層面產生新秩序。

混沌邊緣是變化、適應和健康狀況轉變的地方：如果系統強大和抵抗力強的話，也許在經歷短暫疾病後，它可以轉移到一個新的模式。如果系統較弱而且適應力較差，到達儲備能耐的極限時，這可能會導致慢性疾病。混沌邊緣同時是創建（健康）和破壞（疾病）的邊緣，在那裡系統會遇到挑戰，它的資源會受到測試。那是自我和非我的邊緣，以及可能成長的關鍵。既矛盾又令人意外的是，創建和維護秩序是取決於因混亂而生的良好反應，不論是心理和肉體上的，還是在人體的器官和系統。無法回應混亂會導致僵化和無力改變，因而最終可能生病。

混沌行為之所以有益，是因為它提供新適應力的可能性。這是一個像人類的複雜系統健康的核心要求。例如：我們需要心理適應力，以最小壓力來應對情緒的變化，我們也需要肉體適應力，來應付不同的食物或新細菌。回應混亂會產生靈活性。有些心臟病患者顯然是由於心跳缺乏應變能力，所以心臟不能

適應運動。思想混亂是一個新念頭的來源，正常腦部活動亦包括混沌的波動。同時，有很多新細胞也是由混沌產生，但若有機體需要它們的話，就會被選擇存活下來。

　　混沌在人類有機體的每個層面上都扮演著一定角色。免疫系統在健康有機體身上，能夠充分演繹混沌發揮作用的典範。免疫系統總是在產生各式各樣抗體，只有那些真正被需要的才會被大量製造。

　　「……混沌本身並不負面，因它是靈活性的元素，也是多樣性的發起者。各種生理系統控制參數的震盪，都是生物學和醫學的常見現象。然而，如果喪失了彼此的協調，即是：系統整體與身體其他部分失去協調，某些子元件可能會以不可估計及無意義的方式過度震盪，不但引致局部失調，甚至失調更會被放大（放大波動是混沌系統的典型行為）。震盪於是變得紊亂並因此步向疾病，導致出現大量症狀和損害。這情況就如同混亂被放大，並形成細胞或系統之間病理相互關係的「核心」……」[94]。

案例三十七 CASE STUDY

　　一名女性為了頻繁月經和睡眠問題而尋求協助，所需的療劑是碳酸鈣。四星期後在她第一次複診時敘述了箇中的經過，服用療劑後的第二天，她的喉嚨出現問題，在她小時候有出現過，但自此後就不再有這問題，而且她認為這跟以往的感覺完全一樣（她曾有過嚴重喉嚨痛，伴隨腺體腫脹）。經期問題在

最初三星期出現惡化 —— 她來經三次。現在她的睡眠改善了，部分原因是由於她少了噩夢。她卻感覺更疲累，亦更加急躁易怒，不過感覺自己好像正從霧中走出來。又過了四星期，她說她感覺非常好，定期每月來經，睡眠亦十分不錯。

在順勢療法的推動下，她的系統尋回了健康的路。這起初涉及一些混亂，但它只是一個重組過程，在一個天然的進程中製造必然結果。她從生理和心理的「迷霧」障礙中走出來，變得清晰。順勢療法治療期間有時老毛病會復發 —— 就如這個案中的喉嚨痛。

自我組織、健康與疾病

健康會以回饋迴路的方式持續預防疾病。發病時，有機體不再處於混亂邊緣，實際上是組織的一部分翻倒，並陷入混亂當中。

這是關於健康的動態（Dynamic）概念，它使我們對疾病有新的理解，因為它強調有機體本身在保持我們健康或容許發病的角色。最佳藥物是要令到該維護健康的網絡，再次運作正常。

傳統西醫認為：幾乎所有疾病都是純粹肉體上的事，原因都是由於身體機能障礙，甚至心理問題（例如：抑鬱）都被認為源自或由於腦部轉變而起。但這個新科學發現——任何肉體的變異都是結果，而非起因，疾病的來源是由於自我組織的崩潰。

　　傳統西醫的疾病分類是組織崩潰的最終階段，這時候我們可從生物化學和結構性檢測發現失調，因為身體已無法維護生物化學和結構。順勢療法和其他整全醫學都是透過強化自我組織──從內部治癒疾病，並防止疾病進一步惡化。

　　傳統西醫的範疇內，也有較現代和整全的學科，例如：精神神經免疫學（Psycho-neuro-immunology）（即是研究精神、神經系統和免疫力之間的聯繫）也開始探索人類有機體的複雜性。探索是困難的，因為這是神經系統（和內分泌系統）在精神和肉體之間微妙運作，卻又不能被觸及的層面。不能觸及的原因，是由於那裡有超越科學調查、複雜而又微妙的過程。任何會影響調查對象的調查，都足以令結果無效。

　　很多人體功能都是突現而得的屬性，不能被分析調查所探測。人的健康很多時候都不能透過測試來進行評估，卻只能於現實生活中觀察。整全醫療系統旨在真實生活中，了解每個個別人類有機體的功能，並以這種反映其天性的方式來治療系統。

第九章　如何醫治生物有機體？

在現代醫學裡，「視生物有機體為整體」的概念已經消失。然而，生物學中的新發展重申了整全有機體的重要性，以及它對維持和重建健康的角色。這表明了「視生物有機體為整體」的概念應被重新應用於醫學上。「為甚麼我們要不斷把生物有機體硬生生當成機械？為何我們不能視它們為真實的——生物有機體？」[95]

生物有機體何以被人遺忘

　　隨著分子生物學在過去 100 年左右興起，生物有機體已被忽視或看扁，因為顯微鏡的發展把我們的注意力引領到分子層次。我們漠視了整全生物有機體，因為技術讓這種觀察變得可能，我們的注意力就如在物理學一樣，集中到可被觀察到的最微細成分。

　　我們還會從物理學中取用簡單的機械定律，應用到生物有機體上。不過有些創新的生物學家說：簡單的機理是個別例外，物理的複雜程度不足以應用於生物學上。

「因為生物有機體理論本來就沒有任何驚人的特質，只有一種典型的動態秩序和組織，以致它們從現代生物學的基礎概念結構中消失，屈服於壓倒性的分子還原論（Molecular reductionism）。」[96]

要是缺少了生物有機體的概念，就很難解釋到實實在在的生物。現代物理學告訴我們，簡化論不能解釋液體和氣體的行為，更不用說生物有機體的複雜性。生物有機體在健康和疾病當中所發生的一切，都不能單以分子作解釋，生物有機體中有很多分子置身於一個複雜的組織內，系統（每個獨立生物有機體）中再內含系統（生物有機體內的功能系統，例如：消化系統、呼吸系統）。這意味著引起疾病的重要因素，並不在分子層面上。

任何簡化論都把注意力聚焦於事物的一個層面上，無可避免會忽略了其餘部分。傳統醫學如今將疾病的焦點放在分子和基因層面，完全忽視生物有機體的完整性。

「過分關注於現實的某一個層面，總要付出代價。」[97]

如果我們認為生命的基本單位是基因，生命和健康就會被簡化成基因。以基因為中心的生物學可用電腦原理解釋——基因就是決定我們如何運作的程式。與此相反，以生物有機體為中心的方法卻認為生物有機體必定是重要的，因為有太多事沒有辦法透過其他途徑解釋。由此來看，健康很大程度上是由生物有機體不可簡化的完整性突現——因為生物有機體跟電腦是不同的。在生活上，程式和電腦是不可分割的。總而言之，生物有機體凌駕於電腦這種類比。基因是鏈中的一個連結，而非

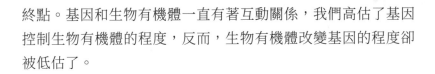

終點。基因和生物有機體一直有著互動關係，我們高估了基因控制生物有機體的程度，反而，生物有機體改變基因的程度卻被低估了。

　　生物有機體維持其組織的質素，必然是影響健康的一個重要因素。所以有效和持久的治療，不會如傳統西醫所言，是一場對抗失調基因或分子的戰爭。它是一個創造的過程，旨在保持生物社區內成員的凝聚力和合作性。

　　「悄悄地和沒有媒體騷擾下，少數生物學家視野超越了基因模式，並重新發現生物有機體。……從這觀點來看，模式再度成為重心，它是生物有機體特性的主要表達……」[98]

　　「我秉持的觀點是，生物有機體就如組合它們的分子一樣，是真實、基本、無可簡約的。它們是突現生物秩序中獨立和不同性質的層面，亦是與我們最息息相關的，因為我們自己也是生物有機體。」[99]

治療複雜系統

　　傳統西藥為了糾正失調的生物化學而設，主要是處理局部層面，它們的存在是用來對抗生化功能失衡。它們以化學層面運作，而非組織層面。它們會一直工作直到系統回應它們的存在，以及分解它們。傳統西藥不會治癒系統本身，只是暫時減輕系統失調的結果，然而對治療生物有機體本身沒有幫助——事實上，從整全觀點來看，這其實阻礙了治療。任何調整性系統都傾向於改變自己，來回應環境的轉變，長遠來說系統會有

適應化學藥物的傾向。反應性是自我調控系統的一項特質——這意味著它們是有能力學習的，這能力可被外界促進或妨礙。例如，當一個孩子總是有人為他做各樣事情，他就不會學懂自己做。這道理同樣適用於人體，甲狀腺衰退就是一個例子。傳統西藥治療是使用甲狀腺激素，但這並不會幫助提高甲狀腺中甲狀腺素的產量。

　　另一個與免疫系統有關的例子——一個高度靈活和具適應性的系統，尤其是童年早期。舉例來說，重複使用抗生素可能對喉部感染來說是短期需要，但是，長遠來說可能會因此而干擾並影響免疫系統。當抗生素接管這項工作，免疫系統作出的一連串全面應對措施會被阻礙。如果我們把一個懂得適應的身體當成沒有學習能力一樣，那麼它的發展也可能會受到影響。生物有機體（特別是它們的免疫系統）是有學習能力的，而這能力對保持健康很重要。要是用來治療生物有機體的醫療措施，把它們當作沒有這能力的話，就不會跟生物有機體互相兼容，並可能造成損害。

案例三十八 CASE STUDY 🔍

　　一名能量十分低的青少年，他對於無法參加全國單車比賽訓練感到非常沮喪。會診時發現到更多有關他的資料，他不特別喜歡交際，喜歡山地單車賽。他覺得蛋白和肥肉十分噁心，這意味著氯化鈉是適合他的療劑，於是他被給予 200C 層級的療劑。過了幾個星期，他得到一些改善，並在大約五個星期後，

出現了傷風以及喉嚨痛，那是他開始有疲乏問題之前的毛病。自從傷風康復以後，他的能量迅速恢復；兩個月後他已準備好再次投入比賽。

當慢性疲勞的狀況經過順勢療法治療後，在那之前發生過的上呼吸道感染往往會輕微復發。這為神秘的肌痛性腦脊髓炎（Myalgic Encephalomyelitis, ME）或慢性疲勞綜合症提供了解釋：它是由感染而引起的免疫系統複雜失調。

這些症狀之復發和其後快速康復，表明了治療法則中的一個觀點（見第十四章），這就是一個說明順勢療法從經驗中發現邏輯的例子。當這種邏輯出現在人們的康復之路上，就確認了順勢療法的有效性。

他在五個月後復發了一次，這時重複使用相同療劑快速見效，因為他的精力已經不像以前那樣不濟。

與自然合作：生物有機體最清楚

傳統西醫的一些範疇開始讚賞這種新方向，以下段落是摘自一本著作《超乎常人的力量》（Superhuman），當年與英國廣播公司（British Broadcasting Corporation, BBC）的電視專輯「Superhuman」系列同時發行。

「……過去幾年間醫生們都已經意識到，現代處理創傷的技術，有時跟我們自然的生理反應完全相反……有時候我們會因為自己的無知，未經考慮就殘酷地使用現代醫學技術，這樣可能會嚴重降低病人的存活率。」[*100]

　　這也是傳統西醫的前瞻醫療思維，象徵邁向欣賞生物有機體內置力量的例子——正在走向整全醫學的視野。

　　作者繼續說道：「我認為他們在不知不覺間，也覺得是眼不見為淨；他們寧願用外科方式縫合傷口，讓一切看起來整齊清潔，也不要面對混亂，以及由於未妥善處理損害而致的限制。然而，這種心態否認了人體自我修復能力，比外科醫生的手更巧妙之可能性；它不承認技能及經驗，也沒有放手不再掌控一切的膽量，不敢放任自己的身體去飛翔。外科醫生迪美才亞迪斯（Dr. Demetriades）說：『一段時間後你便會意識到，徹底的解剖性修復，並不會為病人帶來最佳利益。』」

　　這是因為修復過程中自有一套自然邏輯，例如：天然粗糙的傷口邊緣可以癒合得更好。我們在進化過程中，已經演化出很多有效應對創傷的反應。現代醫學方法嘗試透過系統以外接管治療角色，而不是找出微妙方法來助長身體的自癒能力。後者知道最好的修復是來自生物有機體本身，並且了解如何刺激自我修復能力。

　　「……治療的目的，永遠都只是透過回復天然平衡來預防疾病。除非它來自個人自身的力量和個人組織的纖維，否則談不上康復……當我們排除掉治療的障礙，並促進器官和細胞以自身的天賦力量來克服，我們才可以做到最好。」[101]

　　W H · 歐登（W H Auden）說：「治療是一種直覺藝術，旨在親近自然。」

我們可以學習對自然、環境和醫學投以更多信任。經過四億年的研究和發展，自然界已對無數問題有了解決辦法。有些問題我們可能根本不了解，就更別說解決方法了。

　　「現代醫生認識到治癒身體的唯一方法，就是向它（身體）求助，並採取其內部建議。利用自身能力去治療自己，這想法實屬老生常談，到了如今卻變得新潮；一個十分簡單而幾近革命性的概念……人體最懂得讓自己保持平衡，以及失衡時如何糾正自己。我們才剛剛開始明白和運用那些康復的秘密，並與我們的醫療技術協力共行。療劑跟身體合作才會發揮得最好，而不是去與之對抗，它應當擴大和利用身體的無盡資源……」*102

　　這聽起來好像順勢療法的宣傳語句，當科學支持類似這樣的主張時，它也在支持順勢療法。整全醫學一直都是根據這些準則來進行的，然而如今不同的是，科學終於追上了它們，並為它們提供一個科學解釋。

　　這裡有些古舊資料，它們在訴說著同一件事情：「大自然不能被命令，我們只可以好好遵循她。」——法蘭西斯・培根（Francis Bacon）

　　巴拉塞爾士，一位生於 16 世紀為醫學帶來革新的醫生，他曾說：「醫生必須順應疾病想要被治癒的方式來治病，而不是以他的個人意願來治癒它。」

現代傳統西醫科學之目的，是為了能夠複製人、征服老化、按照要求消除病菌、克服所有疾病、消滅帶病基因和植入健康個體。當中一些目標可能是有價值的，實現這些目標的方法卻令人關注。這些目標跟生物有機體組織的完整性有所衝突。然而，我們挑戰大自然秩序的底線到底在哪？

很多人抱有不信任態度，甚至厭惡大部分發生在基因工程和高科技醫學的事物。

或許未能解釋原因，但有些人總覺得這些東西是錯的。有些發展也可能由於講求技術的先進醫療而走得太遠——這些方法有時我們可以解釋，不過有時是我們極力反駁的。預防原則（承認有可能遇上無法預計的問題）尤其適用於複雜系統。既然我們無法完全理解它們，我們就必須承認自己的無知，並要以安全為本。這是個高風險的處境，以我們的能力干預自然，會有機會過了火線，好像科學怪人。我們已經學會反對基因工程農作物是正確的——他們預期的問題如今通通出現在這些農作物上，不論是對於環境還是食用它們的人身上；預防原則也該被應用到我們的醫學上。

似乎在不久的將來就會推出一些醫療程序，例如：從動物移植器官或基因到人類身上，釀成了一個「創造出不完全是人類的人體」之發展前景。這真的是人類進化的方向嗎？

案例三十九 CASE STUDY

　　這案例展示的是相反的做法，以「親近自然」為主，就如
ＷＨ·歐登於上文所述。通過閱讀自然界的語言，自然界便會
指引出最好的良藥。

　　這位病人每年都會出現皮疹的問題，它開始於大地回春之
時，並延續到夏季。問題主要是她的喉嚨——在童年時候曾經
受到創傷。皮疹的感覺就像火燒一樣，令她想要把皮剝掉。她
從事創意圖像的工作，在她的想像中，有一個「蛇正在脫皮」
的畫面。

　　順勢療法的批評者會作出攻擊，批評患者的症狀圖像與療
劑特點之間的互相連結是「憑空想像」。有時這些批評是有道
理，但有時這些連結會是真實的。在這案例中的療劑南美蛇毒
（*Lachesis*），是由毒蛇的毒液製成，這不僅與患者「蛇的畫
面」吻合，還與其他症狀相符——南美蛇毒個案的情況會在春
天和陽光照射下惡化，而且病理的重點也是在喉嚨，所以這個
思索得來的見解是紮根於現實的。她在服用療劑後皮疹得到改
善，五年內也沒有復發。經過再次服用療劑後，六年也沒有復
發。及後，皮疹再也沒有以之前的形式和嚴重程度出現，並施
以石松（*Lycopodium*）配合處理其他問題。

天然的治療

　　人類有機體不僅是個化學實驗室，它同時也是個化學家。然而，它不只是個化學家，也是一個培植微生物有機體的農夫和收割者。粒線體是源於數百萬年前的微生物有機體，我們與它們建立了一種夥伴關係。它們就存在於我們每個細胞內，長約一微米，也就是 10 億顆粒線體聚在一起時會有一顆沙粒的大小，但它們加起來的重量，相等於我們體重的 10%，它們為人體製造能量。人類有機體的複雜性似乎了無邊界，整全醫療規範了巨大數量的相關功能，而不是嘗試逐一調節。這種治療跟系統科學的見解相符，亦很配合生物有機體的複雜性，所以是天然治療。這種治療方法一直為天然治療、替代或補充療法的治療者採用，而且過去數十年的需求已越來越多。隨著選擇的轉變，科學也在不斷變化。當人們以本能遠離化學藥物，而被天然藥物吸引，科學正在發展一套語言和見解，可以用科學用語說明這一種轉變。

第十章　將複雜科學應用於疾病

複雜生物有機體的科學引領出新的醫療科學，它解釋了治療整個有機體的醫療的好處。

疾病有如系統失調

開放系統會受其環境影響，環境中的變化引起系統內部「騷動」（Perturbations），亦即系統的反應。我們對溫度下跌的反應，就是一個簡單直接的例子。人體有機體會以多種方法回應，以產生保持體溫的效果。有些是不隨意的，例如：顫抖；有些是有意識的，譬如多穿一件衣服。所有回應都會減低系統的騷動，然後回復最佳狀態——在這例子上就是回復正常體溫。

負回饋是很有意思的；它會減少系統內的干擾。但是，如果系統運轉不正常，正回饋可能會接管，波動於是會相互刺激，形成一種惡性循環，干擾也因此而加劇。那個已經變冷的人會覺得更冷，然後「著涼」。

如果系統不能糾正騷動,它便會繼續生病下去。如果騷動進入了系統的更深層次,擴散到其他子系統的話,就會引起更嚴重的問題。

案例四十　CASE STUDY

一名 40 歲的男性承受著工作壓力之苦,主要是由於長時間工作和交通時間,以及公司裡的責備文化。他會神經緊張,因此他的胸部感到非常緊,胃部也會十分緊張。他常常出現恐慌狀態,而且覺得自己的頭快要爆炸,使他更害怕會中風(這是產生惡性循環的回饋)。他昨晚半夜醒來、多汗和出現幻覺,還有一些他也無法描述的古怪想法,令他不能再度入睡。他說自己盡責而又雄心勃勃,並把工作放在第一位。他的妻子說他很難下放工作予他人,是個工作狂。在服用碳酸鈣 1M 的 10 天後,他感覺有所改善。兩個月後,他說他變得更好了,而且已經停用安眠藥。

這壓力反應以傳統西醫術詞來說,是一種可診斷和可處理的情況,不過,最好還是用一個可停止系統以如此方式作反應的醫學體系 —— 一種通過強化他的系統以重新設定他回應方式的療劑。

以複雜性觀點看健康與疾病

疾病往往是這樣開始的：有機體或有機體內部發生了事情，引起了一場「騷動」。在這案例中是情緒緊張，但也可以是物理性的，例如：接觸病菌。如果系統不能排除干擾，疾病便會建立。有時，如果系統運作得不是很好，騷動甚至會打擾系統的其他層面，疾病就是這樣傳播或發展的。

疾病已根據此方式被分類：急性（Acute）或慢性（Chronic）。急性疾病都是短期和自行限制的。例子有發冷、感冒、流感、肺炎等等。這些情況可以是輕微或嚴重，但它們都會自然地結束，系統的即時反應是快些恢復平衡。慢性疾病卻有所不同——它們就是可以無止境地繼續。當然它們可能會好轉，不過它們沒有內置時間限制。如果系統不能對干擾作成功反應的話，就會進展成這些慢性疾病。

我們看到致病的一個重要原因，是沒有能力適應轉變。健康很大程度上取決於有機體對它所遇到一切事物的適應能力。健康會視乎系統本身內在的強勢和弱點而定，例如：遺傳素質。這些東西可以安然無恙的在體內多年，或者可以從生命過程中轉化成疾病。現在，我們可以把疾病的起始看成一個過程（系統受壓的一個症狀），掙扎著以自身的活動來減少波動。若系統不能中和波動，並且不能重返平衡，結果就會發病。要保持健康會涉及很多活動：把病毒或細菌限制在有機體周圍或其適當位置（如腸內很多細菌都對健康至為重要）、在轉變的環境中調節體溫、消化食物和排除廢物、適應花粉的環境、修復或轉變異常基因、適應悲傷和其他壓力等等。關於反應和適應的

清單是無窮無盡的，其實有機體的每個活動，從骨骼生長以至製造消化酵素，身心的每項功能，都是我們自己系統保障健康的一個固有部分。健康是由人類有機體的整體活動提供和決定，健康和疾病並不是由人類完整的功能網絡中分割出來的。

健康意指一個調整得宜的有機體，維持自身充分運作的一個人。通過回饋的網絡，所有部分會與其他部分聯繫。因此舉例來說，損傷引發的炎症會帶動痊癒，細菌成功喚醒免疫反應，關節磨損喚起關節的修復。如果系統不能應付可能發生的事件，它必須接受以一個較不完善的模式運作，這是一個次等的回應，不過仍處於安全網內的水平。疾病是一種倒退的形勢，次於最理想運作狀況。這種妥協的結果是系統失調，適當時候會化為疾病的症狀。

健康是成功的自我防禦和自我保護，理想的健康可以稱為動態平衡。健康絕對不是一種被動的狀態；它是有機體活動正於一種主動和持續進化的方式，所幸的是，大部分活動會在我們無意識的情況下自動發生。

適合自我調控系統的療劑

按照複雜性科學設計的藥物會對整個系統發揮作用，以加強其恢復健康的能力。它們會強化有機體的自我監管能力，它們會對整個有機體發揮作用，而非直接在人體的化學層面上。

任何發生於自我調控之複雜系統的事物，都會徹底影響系統，因為所有事物都是互相連接的。例如：整個系統都會對化學藥物作出回應。整個身體都可能有調整和改變，因此亦可能

會出現預期以外的反應，這些所謂副作用的東西是出自整個有機體的反應。

生物有機體必須要從自身的進化史中學習的第一件事，就是如何將毒物、寄生蟲等隔絕在外。事實上，有機體會透過抵抗任何外來入侵者（任何「非自身」的）來保護自己。化學藥物對系統來說是外來的東西，亦即來自「非自身」的世界，因此會對之排斥。因為任何有機體都會自動保護自己免受外界干擾，即使這些藥物可能會帶來助益，它仍會嘗試消除大部分傳統藥物以及它們的作用，系統會試圖恢復之前不健康的功能模式。藥物可能會帶來短暫的好處，但身體很快就會與之對抗，並試圖中和它們。

傳統藥物如何運作

大部分傳統藥物都是化工產品。化學藥物可以經由改變身體化學性質，暫時對疾病作出補償。它可短期舒緩疾病過程的結果，但只是結果而不是成因。例如：消炎藥可減輕炎症。在藥物散布到身體各處後，當中的活性成分，會進入我們體內的化學實驗室去糾正平衡。藥物的效果是對組織問題作出化學修正，每個劑量都是局部和暫時性的，但可以在需要時再次服藥，以維持已改善的生物化學水平——直到身體的智慧能夠重建其患病狀態。系統將試圖排除對抗炎症的化學物，並還原炎症反應，它仍在錯誤地製造炎症，因為組織仍受到干擾，它盡力排除化學藥物和副作用，儘管藥物侵害到它的自主性，但它仍想保全自身的完整性：

「人體的內在智慧是如此強大，當情況出錯，醫生就要面臨一個難以應付的對手。」[103]

化合物並不影響有機體的資訊層面（請參閱第十二章），而只是在純物理層面，它提供的是化學而非資訊性的解決方案。但人類存在的問題，總是處於資訊和組織層面，因為生物有機體可以創造自身的化學。

疾病的原因不是發炎或炎症過程，那是防禦機制的一個重要部分。真實原因是在自我調控系統內，啟動了不合時宜的炎症。打擊炎症就等於打擊有機體的功能，真正需要做的是找個影響系統的方法，使它不再產生不當的炎症。

此外，直接以化學作用來影響系統中的一小部分，來重建秩序並不是最理想的做法。這種助益只會是短暫的，還會為有機體帶來另一個問題——要排除那些化學品，如果那「好處」是永久性的，可能會更加擾亂組織。在這種情況下局部問題得以改善，但組織一直被強行改正。於是可能在別處出現另一個失調（見第十四章「疾病的深化」），這不是一定會發生，但當發生時就會損害有機體的健康。

除了傳統化學藥物的化學毒性影響外，系統還要應付資訊性毒性。系統的失調（亦即疾病），重複受到短效化學藥物的壓抑，就好像將一種人工化學機制，強加在天然生物系統上，化學藥物跟有機體的自身組織對著幹。當然由於組織的運作並不完善，所以藥物也有作用，但組織正在靠自己的能力發揮得最好。

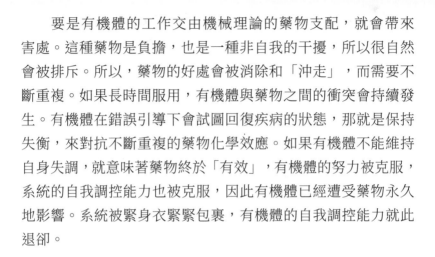

　　要是有機體的工作交由機械理論的藥物支配，就會帶來害處。這種藥物是負擔，也是一種非自我的干擾，所以很自然會被排斥。所以，藥物的好處會被消除和「沖走」，而需要不斷重複。如果長時間服用，有機體與藥物之間的衝突會持續發生。有機體在錯誤引導下會試圖回復疾病的狀態，那就是保持失衡，來對抗不斷重複的藥物化學效應。如果有機體不能維持自身失調，就意味著藥物終於「有效」，有機體的努力被克服，系統的自我調控能力也被克服，因此有機體已經遭受藥物永久地影響。系統被緊身衣緊緊包裹，有機體的自我調控能力就此退卻。

　　例如當濕疹情況得到改善，病人可能會高興，但是有機體的自我組織又如何？它被挫敗了。自我調控系統已被迫進入新模式，經驗顯示失調早晚會在其他地方出現。當童年的濕疹是使用類固醇乳霜來消退，哮喘或其他問題（例如：過度活躍症）便會於日後發生，甚或加重。上文所述的過程，就是一個壓抑的例子，當本體性質已被化學層面控制，自我調控能力也就被迫適應。當疾病因為化學藥物而消失，使疾病出現的系統失調就會被壓抑著，也就是被迫退回系統內，而不是治癒。在這例子中，濕疹和哮喘的失調已走到有機體的更深一層，影響了呼吸系統而非皮膚。這表明藥物只對皮膚有用，即系統的一部分而已，但卻損害了整體。

　　任何強加於自我組織的東西都沒有幫助，它只會釀成有機體的另一個問題，另一種需要系統作出回應的影響。它使工作變得複雜，也瓜分了它的資源。任何繞過有機體的自我調節系統之措施，都與自我組識的智慧對立。即使出於好意的干擾治

好了一個疾病，而表面上看似有用，但長遠來說可能是有害的。有一位醫學研究員這樣形容：

> 「這個主意很簡單。從遠古年代到 20 世紀後期的科學黃金時代，大多數醫藥治療，一直都是阻止人體的自我防衛機制，而不是加強它們……事實上一系列的醫藥治療，看起來像是一連串的免疫抑制劑。」[104]

案例四十一　CASE STUDY

這個案例是關於一位女士，她自出生六週起便患上濕疹。濕疹遍布全身，14 年來一直如此。發癢於晚上特別嚴重，她說床上滿布著皮屑、血跡和油脂（來自可體松（Cortisone）藥膏）。她曾經多次住院接受口服類固醇治療。最近一次是九個月前，此後便一直沒有好過。以下資料重點地指引出她所需的療劑：乳酪會卡住她的喉嚨，並使濕疹變得更差。她喜歡熱，就算坐得很接近火，她亦不會流汗。

在服用*白砒* 30C 後，她的濕疹最初變得更糟，之後的八個月慢慢改善。在往後的 16 年之間，曾有四次復發，每當濕疹變差時，她再次服用同樣的療劑，濕疹每次都戲劇性地減少。

濕疹何以會受到抑壓，而在日後以哮喘的方式重現，可見於案例四十四。

治療系統而非疾病

如果藥物與有機體的努力處於對立狀態，就很有可能會影響健康。更好的方案是選用可加強自我組織的藥物，這種形式的藥物會刺激重新設定系統的自我重組。服用這種藥物的結果是，無論哪裡有需要，都會提升整個系統的活性。主導痊癒過程的是系統，而不是藥物。

當運用這種藥物，治療是賦予整個系統能量去作出修復，令它可成功應對疾病。失調的原因其實跟外來或物理改變的關係有限，卻是因系統無法戰勝那些轉變，進而適應和恢復秩序。順勢療法療劑賦予系統所需的能力，大部分症狀都不是由病毒或細菌或環境壓力本身產生，症狀是因為有機體對干擾作出反應，並嘗試恢復健康運作而生的。

症狀顯示了系統未能成功作出改善。順勢療法促使這些嘗試成功：它增強了反映於症狀中的反應。

這麼看來，疾病是系統的一部分，而非獨立個體。以這種角度看待人類疾病，會開拓出另一個理解途徑——而這種理解正是順勢療法一直所沿用的。順勢療法使用此模型，並承認人類就是這樣運作的，不一定要知道當中所涉及的機制。以這方法為本的治療，就像有機栽培中的土壤被全面滋養，而沒有特定的肥料。土壤健康了，植物亦會更健康。即使它不能對某種特定的害蟲提供百分百免疫，但卻可種植出品質更好、更健康的植物。

　　順勢療法的加能療劑已發展得非常全面，針對我們平常看不到但保持我們健康的無形網絡。舉例來說，我們施行順勢療法來處理消化系統不適。如果一個人的情緒和能量層面，在消化問題舒緩前，已先得到改善，這代表療劑是先影響整個人的。消化問題之所以得到痊癒，是因為整個系統重新恢復秩序。明白當中所涉及機制的知識是不必要的；透過觀察已可知道整個有機體已經痊癒。要了解當中的機制？還是要觀察整個生物？當中的區別貫穿了醫療史。它是一場「理性與實證」（Rational-empirical）的辯論，而順勢療法當然是屬於實證這方。在實證主義中，結果被接納便可成立，理解療劑如何運作是較次要的；複雜系統的科學也同樣是採取實證主義觀點。

案例四十二 CASE STUDY

　　一名女性患有週期性抑鬱。她經歷很多抑鬱和焦慮的常見症狀，但同時也覺得內疚，以及對自己不能調適而感到十分氣憤，對他人的包容度也很差。她不能忍受別人的憐憫同情，寧願自己努力工作，她的情況往往是在經期前變得更糟。順勢療法主要用於自我批判、內疚和相關抑鬱症狀的療劑是金元素（Aurum），這些症狀都是病人身體狀況的跡象，治療是要把背後失調的狀態去除。她每次服用這療劑後都會好轉，通常幾年就要服用一次。雖然金元素不是處理經前問題的主要療劑，但它確實也對此症狀有效。如果複雜系統最主要的不平衡被修正，其他問題亦會因此消失。

個人化治療

整全醫療治療的是有機體，而非疾病。所需的療劑也需要與該有機體相容，目的是為了回復它的動態平衡。

有些人類系統對花粉敏感，因而患上花粉症，有些則沒有問題。有些人會受身邊所有的細菌感染，有些人則不會。有些人會因遺傳基因而發展出疾病，有些人儘管有同樣的基因，但卻沒有發病。

每個系統的個別優缺點（它們是突現而來的特徵）決定了我們的疾病。系統如何組織自己，以及每個人如何發病，都能反映出這些弱點，我們所患的疾病和出現的症狀告訴我們——我們的系統正在運作得如何。

花粉熱是由花粉觸發的，但每個人對花粉的反應都不一樣。有些人在室內花粉較少時惡化，有些會於下雨後花粉指數較低時才感到最差。為甚麼某些人的花粉症，會在花粉量較少時才變嚴重？花粉是種常見引起反應的刺激物，但是每位花粉熱患者的不同反應，才能解釋到症狀的多變。不尋常的症狀告訴我們關於「病人」的問題，而不是「疾病」。

再舉一個例子，耳朵受感染可能會帶來痛楚、體溫上升、耳朵發炎——我們正常運作的這些失調，就是耳朵感染的證據。然而，哪一種症狀比較明顯突出，則是每個案例都有所不同，這視乎系統的反應。每個個體生病的方式取決於系統的獨特性質，每個有機體的獨特性，都反映於其疾病的症狀之上。

順勢療法醫生對每個病人的症狀都會詳細詢問，以找出有機體的智慧如何以自身的努力來恢復健康。越不尋常的症狀越能顯示患上疾病的是哪一種病人，在順勢療法的處方上，哪一種病人比哪一種疾病更為重要。上面列出的症狀並非不尋常，例如：任何耳朵感染都會痛及有分泌物，這些都不會令人驚訝。但如果是在下午三時開始疼痛，並發出高頻刺耳的聲音，那麼這就不是典型的耳朵感染症狀。這些症狀告訴我們關於病人的事，而非關於那疾病。下午三時的發作告訴我們免疫系統那時應激力特別強，而刺耳的聲音反映了病人對痛楚的心理反應。這兩個症狀是系統的症狀，而不是耳朵感染的。順勢療法醫生不會再進一步深究個別症狀的意思，而是把它們加起來，指引出該位病人的系統正在作出何種反應。這在順勢療法的意義上是：它們顯示病人正處於顛茄狀態，以順勢療法製藥方式處理過的顛茄將會與有機體合作，促進其痊癒力量。當顛茄（取自致命的茄科植物）以「驗證」（見第三章）方式接受測試，在給予安全的加能劑量時，它會引起很多症狀。這些症狀包括在下午三時情況惡化，以及發出尖銳刺耳的聲音。根據相似者能治癒的法則，顛茄作為極度稀釋的順勢療法療劑，將刺激免疫系統去消滅感染。

生物學家羅拔·羅森（Robert Rosen）說生命是自我創造的。生命被啟動不僅僅是因偶然的基因突變，還涉及其自身的複雜性，複雜性是可以自行產生，並能帶動進一步發展，良好的健康亦是透過相同方式產生。

系統對感染或任何改變作出的反應，都倚賴其過往的經驗，因為它是由以前的經驗所組成。它要如何反應都是按照以

前所學來作反應。人類有機體數千年來都在適應和發展，某程度上我們就是我們的歷史，因為我們現在的狀態是由我們學習而來的。我們每個人都經歷過適應和發展，而成為一個獨立的人類個體，所以我們做出的反應，某程度上是由我們個人的歷史決定。我們的經驗讓我們變得個人化，而這種個人化狀態，可以從我們的系統如何應對疾病中顯示出來。從系統對病症作出的反應，再製造症狀的方式中，可反映出它是怎樣運作的。順勢療法療劑處理的就是這種運作，目的是提升它，使它的努力更加有效。

案例四十三和四十四 CASE STUDY

哮喘

以下有兩宗哮喘的案例，顯示一個疾病如何可以有兩種不同的可能。第一個是一名 14 歲的男童，他自嬰孩時期起便有哮喘、花粉熱及濕疹的問題，他定期使用必可酮（Becotide®）、喘樂寧（Ventolin®）和可體松藥膏，他使用噴霧器也有好幾年。哮喘使他不能做運動，因為常常要服用各式各樣的藥物，所以令他覺得很沮喪。他的雙手發癢、龜裂和流血。當他氣喘得非常嚴重時，他的臉部會大量流汗。

他是個喜歡孤獨的人，不開心時會傾向安靜，他對批評和個人意見都很敏感，當他自己一個或跟媽媽一起時，若他情緒低落，他可以淚流滿面，當他身處海邊時，濕疹和哮喘都會好些。四年期間服用了六次氯化鈉，讓這年輕人在這段時間都沒

有發作哮喘、濕疹和花粉熱。

　　第二個案例是一個在一歲時已被診斷有哮喘的小女孩，她擁有哮喘和過敏症的家族史，自出生起就患有濕疹；三個月大時使用過可體松藥膏並因此而好轉。自四個月大起就開始嚴重咳嗽，在成功壓抑濕疹後，哮喘便出現。她會脫水，並因咳嗽而變得很疲累。她已入院接受治療，她的肺部有些損耗，但正在痊癒。她的咳嗽是屬於乾咳，但她的呼吸會發出泡沫的聲音。

　　她吃得很少，而且體重過輕。她有過好幾次耳朵感染，並需要服用抗生素。

　　她唯一感興趣的食物都是甜食，例如：蘋果蓉和新鮮乳酪。她在發怒時會拒絕進食，如果觸碰她的人不是家人的話，她便會哭。

　　她的療劑是酒石酸銻（*Antimonium tartaricum*），在她首次服用後頭皮發疹，但其他問題出現改善。這是逆轉了之前壓抑濕疹的狀況，在往後四年內曾服用過六次療劑，這樣使她十分健康，茁壯成長而且沒有疾病。

　　所有疾病中診斷出的病症，都是複雜而又獨特的有機體組織失調之最終產物。當中不同的歷史、不同的致病因素、伴隨著不同問題和不同類型的系統。這兩個人所共通的只是呼吸問題和哮喘的診斷，因為整體的條件如此不同，他們需要不同的療劑來治療他們。那個稱為哮喘的狀況，比較起來其實只是一個空洞的概念。

在醫學中的一種新模式

　　傳統西醫近期也有轉向以上所描述的情況，即遠離疾病本身，而走向個人的方向，順勢療法則有 200 年這方面的經驗。

　　這方向徹底改變了我們對醫學的看法，因為它把疾病的源頭，放回系統內部和自我組織的變化上。以往通常把病症的源頭視為藏於身體中的細小部分，例如：分子或基因，又或微生物。複雜科學為我們提供了一個概念框架，將焦點從部分轉移到整體，令我們更容易看到疾病是整個有機體的產物。

第十一章　易感性

複雜科學認為生病就是我們的系統失去平衡，但未能自行修正。疾病的主因不是微生物、基因或任何單一致病刺激——而是個人系統中的失調。我們再一次發現新科學和順勢療法之間，有著相互對應之處。順勢療法認為，疾病主因正是病人之易感性。

不是每個人都會患上流感

　　一群年輕人放假時租了單車，沿著海岸線公路作長途旅行。第二天早上有個人起床後覺得前腳掌很痛，不能把腳放在地上，兩星期後才康復過來。為甚麼只有這個人出現痛楚，而其他人沒有？流行性感冒的傳播也是一樣，就以一個小鎮為例，鎮上 75% 的人口不會受到感染，20% 的人會因此而生病幾天，3% 的人則會生病數星期，當中有些人數星期都難以下床。為甚麼有些人會比其他人更辛苦？極少數人會在染上流感兩年後仍未痊癒，於是被診斷為患有慢性疲勞綜合症，這些人不能工作，稍微做一點事也會累好幾天，為甚麼會這樣呢？

答案與疾病本身無關，原因是每個人的結構，而順勢療法醫生則稱之為「易感性」。我們只會患上自己系統容易受到影響的疾病，大多數人都會有某些部分或功能，不如其他人那般健康。人類是已知宇宙中最複雜的東西，所以難免會有一些功能問題。人體組織中較薄弱的環節，就是疾病的源頭。它可能有生疣、或腸胃易受刺激、或有精神分裂症的傾向，每個人都有他們的易感性。關鍵是有機體的易感性——易感性決定了生物有機體容易患上哪些疾病，以及疾病的嚴重程度，而非疾病本身。

基因研究試圖解釋何謂易感性，並提出了幾種可能的理論。但基因並非健康的最終決定因素，因為生物可以控制它們的開關，而且隨著時間，基因會因應生物的機能而作出變化。

遺傳學：傳統西醫的最新戰線

傳統西醫嘗試簡化疾病，並為每種疾病尋求一個單一原因。這做法在過去幾十年裡，也曾為了因應當時的醫學研究方向，而作出過多次改變。就如目前的焦點是基因，當中的理論是指一些疾病可追溯至遺傳缺陷，將其改正便可消除疾病。然而許多生物學家和醫學研究人員，已經發現到此方法作用有限。正當基因這話題變得街知巷聞，而且有關之商業利益也越來越多的時候，他們卻試圖發出警告。大部分疾病均涉及很多不同基因，單一疾病和單一基因之間的因果聯繫，是近乎稀有的。不同基因是在整個系統控制之下相互合作，基因可被開關，遺傳缺陷可被修復，我們並非完全由基因控制，某程度上是我們控制它們，我們的系統肯定有能力控制哪些基因要處於活躍

狀態。後成遺傳學（Epigenetics）是遺傳學的嶄新學科，主要研究基因如何運作。

　　所以，基因並非最終答案，一些醫學研究已經有更為廣闊的視野。大眾對基因療法錯誤投放了太多熱情，從科學理據上看來也越來越不合理。不過，因為基因曾被認為有潛力而出現的商業開發顯然仍在繼續，只要一日我們仍相信他們是治療疾病的秘密，這類商業就仍然有利可圖。

　　沒有全面了解致病原因的複雜性，西醫往往會將注意力集中在構成疾病的單一成因之上，總是想著「唯一的成因已被發現了」。於是針對某一成因的治療方法失敗之後，又會出現針對另一種單一成因的方法。

案例四十五　CASE STUDY 🔍

　　一名六歲男孩時常生氣，引致有暴力行為。當有人弄錯一些小事，或試圖迫他做不想做的事，他便打人、咬人、抓人、扯頭髮、擲東西，而且主要是襲擊他的父母。他半夜醒來覺得不安，需要別人陪伴。服用過幾次顛茄 10M 後，他平靜得多了，但是一年半後，憤怒再次出現，而且咳嗽、感冒、耳痛和肚子痛。在服用結核菌素 200C 後，往後的兩年內健康也是良好的，之後再服用相同的療劑，五年來都身體健康，直到出現濕疹。這時服用結核菌素 200C 和 1M 都未能發揮助益，但在服用硫磺 30C 之後，濕疹問題得到改善，及後各方面的情況也很良好。

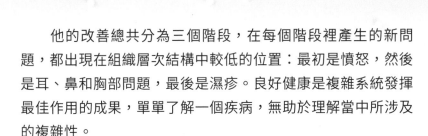

　　他的改善總共分為三個階段，在每個階段裡產生的新問題，都出現在組織層次結構中較低的位置：最初是憤怒，然後是耳、鼻和胸部問題，最後是濕疹。良好健康是複雜系統發揮最佳作用的成果，單單了解一個疾病，無助於理解當中所涉及的複雜性。

易感性：醫學的新概念

　　路易士・巴斯德（Louis Pasteur）在病榻前所說的一席話人所共知：「地勢是一切，細菌甚麼也不是。」他曾跟一名當代學者克勞德・伯納德（Claude Bernard）爭論這個感染來源的問題。伯納德接受細菌在疾病中的重要性，但基本的條件是，病人的易感性讓不同的細菌繁衍，就像不同土壤會種出不同雜草的原理一樣。儘管巴斯德臨終前推翻自己先前的觀點，但此理論卻一直被沿用至今。巴斯德沒有發布自己證實伯納德見解的實驗結果，於是「細菌致病論」（Germ theory of disease）誕生了，他的理論被廣為接受，影響了往後醫學史發展，以及我們處理傳染病的方法。然而，地勢是非常重要的：

　　微生物會因應它們的環境而作出改變，這種變化進程是無法在血液樣本（為了進行微觀研究而設的）中觀察得到的。此過程只有在富生命的血液中，才可被清晰看見，所以是那時候的醫學科學家沒有注意到這點。我們的身體會受到甚麼感染，事實上是視乎我們的免疫系統，容許有甚麼事情發展，這觀點破壞了傳統西醫對感染的看法。

我們也可以這樣說，巴斯德的想法是歸咎於具有易感性的地勢上。而我們卻傾向於重視入侵者，並以抗生素打擊入侵者，而不是考慮我們自身的防衛能力和易感性。

傳統西醫關注正在入侵的細菌或病毒，而非宿主（Host）。不過，只要仔細探討宿主及其擊退侵略者的能力，就能開拓出醫學的新思維。仔細探討宿主的免疫系統，就可以完全解開傳染病的謎團——為甚麼它會攻擊某些人，而非其他人。

就感染來說，良好的健康取決於免疫系統對付微生物的能力。以整體來看健康，良好的健康可定義為應對各種變化的能力。這些變化和挑戰可以很多，類型也可以很廣——包括：細菌、病毒、創傷、氣候變化、情緒壓力，甚至是成長的不同階段，例如：出牙期、青春期、更年期等等。所有外在因素和內在因素都有可能是致病原因，對於一個健康的人類有機體來說，只會帶來極小影響，波及範圍也只局限於較不重要的功能上。例如，感冒對某個人來說，可能只是流鼻水數天，很快就會好轉。但對於健康較差和易感性較重的人來說，就會發生一場嚴重感冒，最後演變成支氣管炎。

「在醫學教育訓練的過程中，往往忽略了症狀不僅可以來自於創傷、感染、營養不良和情緒壓力等等原因，同時也可以是病人自身細胞和組織液的反應。每個人對於外在因素的反應都會有所不同，那是取決於那人的生理和心理結構。這解釋了令人費解的現象，為何兩個被診斷為相同病症的患者，但卻可能出現完全不同的反應，甚至一個可能完全恢復，而另一個則可能會死。」[105]

「當然，細菌真的在我們周圍：它們在土壤中佔相當重比例，在空氣中亦比比皆是，但若說它們是人類的天敵，就絕對不妥。實況也許是出乎我們意料之外，因為只有極少數的細菌對我們有興趣。細菌和較高層次生命體之間最常見的相遇，通常是在後者死亡後才會發生，那是生命元素循環的過程。這顯然是微生物世界在常態下的主要工作，與疾病無關。」 [106]

怎樣的病人會生病？

在 1980 年代和 1990 年代的英國，腦膜炎的案例有上升趨勢。為何我們的喉嚨內都有腦膜炎雙球菌存在，但真正發展成腦膜炎的人卻很少？為甚麼有些病人會死亡，但另一些接受同樣治療的人卻完全康復？

「從遠距離來看，腦膜炎雙球菌似乎是全人類既無情又危險的敵人。感染會橫掃軍營、整個校園，有時甚至是整座城市的人口。病菌侵入血液，然後是腦膜的空間，結果造成腦膜炎，那是一種在化療出現之前，難以對付和高致命性的疾病。當中的關聯看來很明確，腦膜炎似乎只會在人類的腦膜中孕育。你甚至可以說腦膜炎雙球菌是這樣謀生的，是一個以我們為獵物的捕食者。」

「但事實並非如此。嘗試統計一下帶有腦膜炎雙球菌的總人數，然後與真正患上腦膜炎的人數作比較，便會有不一樣的看法，因為實際患上腦膜炎的病例只有極少數。事實上大部分人都帶有這種球菌，但它們只被局限於鼻咽部分，而且帶菌者通常都不會察覺……腦膜炎病例是一種例外。腦膜炎雙球菌感

染的慣例，都是良性上呼吸道的短暫感染，不算是真正的感染，關係更像是種和平共存的相處。至於為甚麼在某些人身上會發展成腦膜炎，仍然是個謎，但也未必代表該細菌存有某種特別偏好；有可能是受影響患者的防禦機制，存在著某種形式的缺陷，從而賦予腦膜炎雙球菌內進的權限，也就是說，它們是受到邀請而來。」*107 感染的嚴重程度不僅取決於細菌的毒性；免疫系統對抗細菌的能力也是很重要的。魯易斯・湯瑪士教授（Prof. Lewis Thomas）所說的話，跟順勢療法的見解完全吻合，疾病的最主要原因，是有缺陷的防禦機制，這可能比敵人本身更危險。

魯易斯・湯瑪士教授說：「我們對抗細菌的軍火庫作戰力量如此強大，涉及那麼多的防禦機制，對於我們來說，它們比侵略者構成的威脅更甚。我們活在爆炸裝置當中；我們體內有地雷埋伏。」

巴拉塞爾士，一位生於 500 年前極有影響力的醫生寫道：

「所有疾病都源自體質，我們必須了解體質，才可了解疾病。」

現在我們再把討論從感染延伸至一般疾病，所得的結論是：疾病是一件事物的狀態，而不是一件事物本身。我們暫且可以拿它與機器作比較，想想一種叫做「剎車故障」的毛病。事實上，馬路上根本就沒有一種叫「剎車故障」的東西，可以感染我們的車。剎車故障其實是因缺乏保養，而發展出來的一種狀態，這是一些有缺陷的車子，共同出現的情況。如果我們

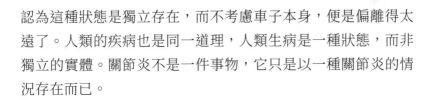

認為這種狀態是獨立存在，而不考慮車子本身，便是偏離得太遠了。人類的疾病也是同一道理，人類生病是一種狀態，而非獨立的實體。關節炎不是一件事物，它只是以一種關節炎的情況存在而已。

這種區別正好解釋了順勢療法和傳統西醫之間的一個差異，順勢療法對疾病有一種不同的定義——把疾病視為欠缺健康，缺乏適當的自我保養，而不是一種需要我們去攻擊並戰勝的實體。

現今西醫把關注重點從微生物轉向基因，這有助於澄清這一點。它把我們的目光向內轉移，移到我們的內在結構。當我們想到基因時，便會想到內在本來的因素，不過內置因素並不只限於基因。遺傳學研究所談及的多種論調也表明：基因只是疾病因果關係鏈中的連結，而不是它的終結。蛋白質的形成是基因和生物功能之間的重要聯繫，因果關係鏈似乎在走回頭，重新回歸至整個生物當中，回歸至自我組織的複雜性之內。順勢療法認為，維持整個身心（包括：基因）正常運作的系統出現故障，就會出現疾病。以基因解釋退化疾病的熱情正在減退，就像當初假設微生物是感染的主要原因，而漠視了生物本身，這些想法也正在被取替。

案例四十六 **CASE STUDY** 🔍

　　這案例是關於一名 50 多歲患有偏頭痛的男性，酒和巧克力都能觸發偏頭痛，然而，光也是一個重要的觸發點，尤其是閃光，例如在陽光燦爛時，路過的汽車在擋風玻璃上構成的反光；又或者是在冬天穿過雲層或霧的陽光。壓力也是有關係的：他的生活忙碌，銷售額的無形壓力使他頭昏腦脹，任何觸發都會令偏頭痛發作。這名男士是馬錢子體質，這反映於他的個性和他對壓力的反應。六年間他服用過 10 次馬錢子，在每次服用療劑後，他的偏頭痛問題也大大減輕。

　　這位男士的系統中，有些東西對光以及其他常見偏頭痛觸發點具有易感性，因此處理這種易感性，比起只服止痛藥或控制偏頭痛的藥物來得更重要。

最後一根稻草

　　從健康到生病的變化，主要不是基於一種細菌或基因，而是一個無法解決問題的系統，它不再有能力守護其邊界，不再能夠應付問題。當生病時，我們的身體也會像日常生活一樣受到影響。生命和健康的力量總是在運作，盡其所能讓事情變得有條理和健康，但它們也會有資源不足的時候，那時便一定要有所犧牲。這是生物系統的特性，也是所有複雜系統的特性，就像生物圈、環球金融體系等等一樣。在所有的複雜系統中，發生轉變的方式皆有相似之處：

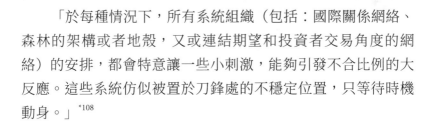

「於每種情況下，所有系統組織（包括：國際關係網絡、森林的架構或者地殼，又或連結期望和投資者交易角度的網絡）的安排，都會特意讓一些小刺激，能夠引發不合比例的大反應。這些系統仿似被置於刀鋒處的不穩定位置，只等待時機動身。」[108]

特別是在被極度使用的緊張情況下，這種複雜系統的敏感位置，都處於一種高度易感狀態，稱為臨界狀態（Critical state）。這對於我們要理解健康，有著深遠意義。

「某程度上，臨界狀態的安排比物理更為基本。它是物理背後的主宰，是世界上大部分事物的秩序核心。」[109]

所有變化和發展，以至所有進化，都可被視為有組織系統試圖生存與適應時，面對臨界狀況而作出的回應。所有生命系統都有穩定的時候，也有些要面臨挑戰和危機的重要時刻。這可能會成就了發展和成長，也可能引起混亂及失調，那就是疾病。

案例四十七 CASE STUDY

壓力觸發疾病

　　一名 64 歲的女性，她的右腿出現坐骨神經痛，就似久久不退的牙痛一樣。她不能走遠，坐著會加重，尤其當她把體重重心放在右側，以及右側躺在床上時會更痛。這情況是自她伴侶病倒後開始的，她覺得十分難以適應。這些持續的刺激令她非常緊繃，她說她似乎沒有排解煩惱的自律神經反應，有些時候她一定要離開去放鬆一下，甚至離開一星期之久。

　　*藥西瓜*是一種可以處理坐骨神經痛的療劑，圖像與她所描述的坐骨神經痛症狀相符。同時，它也是因怒氣而加重的療劑。在服用*藥西瓜*後，她幾乎沒有再出現任何痛楚，一年後仍是狀況良好。

　　心理情況影響生理狀態這概念已被廣泛接受，當中機制亦正開始被理解。然而，過分執著於要了解整全醫療的機制是不必要的。因為處方都是基於觀察身心交互影響之模式所得，從而治療該模式。

順勢療法和蝴蝶效應

　　這是一個說明臨界狀態及其變化過程的常用例子，如果全球大氣正處於臨界狀態，小小的改變也可觸發天氣產生重大變化。舉例來說，一隻身在澳洲的蝴蝶，只要拍動一下翅膀，

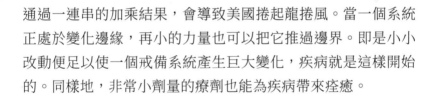

通過一連串的加乘結果，會導致美國捲起龍捲風。當一個系統正處於變化邊緣，再小的力量也可以把它推過邊界。即是小小改動便足以使一個戒備系統產生巨大變化，疾病就是這樣開始的。同樣地，非常小劑量的療劑也能為疾病帶來痊癒。

　　「自我組織的臨界性是一套整全理論：整體（整個系統）的特性……並不倚靠微觀機制。因此，不能靠個別分析每一個部分，來理解系統的整體特性。」[*110]

　　這意味著在複雜系統中，我們不能假設反應跟刺激它的事，必定相同比例。反應取決於系統的臨界點，如果系統正處於臨界狀態，即使是一件很小的事情，也可以觸發疾病。這相當於我們對「最後一根稻草弄斷了駱駝的背」[31] 這常識的理解。這道理同樣適用於健康，當我們長期接觸容易令我們生病的東西時，小事都可以致病。健康是一個過程，一個適應事物的過程。開始生病時，這個過程開始掙扎和失敗。我們不能適應的事情，不管是微生物或失去親人，同樣可成為致病的導火線。

　　我們可能留意不到系統中的這些改變，在我們不知情的情況下，它們可能已達到臨界狀態，並作出內部改變。結果會在稍後時間出現，那就是發病或痊癒。

31　譯者註解：這是一句古老的英文諺語，意思是——當負荷到了極限，即使是輕盈得有如稻草，也可以把強壯的駱駝背弄斷。

到達臨界點

自我組織的臨界性解釋了雪崩和交通堵塞，以及其他到了臨界點，小小改變也會產生巨大變化的現象，亦即「最後一根稻草弄斷了駱駝的背」的現象。

「大型複雜的系統，譬如地殼、股票市場及生態系統，被瓦解的原因都不僅是有可能由於受到猛力一擊，也可能只是因為掉了一支針而已。大型互動系統會不斷組織起來，達至一個臨界狀態，到時候一件小事也可觸發連鎖反應，從而導致大型災難。」[111]

臨界點上微小變化也可激發重大改變，因此雪崩也可由一粒砂觸發，好的和壞的可能性都會出現。視乎系統的內部狀態，它有可能陷入失調狀態，也有可能是投入新生命，意指一個煥然一新的自我組織模式。危機也可以是轉機，過往的模式行不通，並同時在解散，一個自發性的自我重組可能誕生。系統在被解散或演化的邊緣上懸掛著，痊癒和發病的可能性都是處於混沌的邊緣上。

「混沌邊緣是界乎停滯和混亂狀況之間，不斷變化的戰鬥地帶，那裡也是一個複雜系統能夠發揮自發性、自我調整和活著的地方。」[112]

臨界理論解釋了疾病如何發展和痊癒，以及順勢療法的易感性概念。相對較小的事物，對於某人來說可能是沒有影響的，但如果系統受到相關易感性影響，就會觸發另一個人生病。易

感性是決定健康與疾病的主要因素；同時，易感性也是決定我們對藥物反應的一個重要因素。

　　疾病是生物有機體的一種失調，那失調還會使組織「鬆弛」，使之更輕易產生新格局。如果組織於自己的舊有模式下，未能適應變化和新挑戰，生病是必然的。這些適應失敗必定會對健康造成干擾，因此必須透過生病，才能建立新的健康狀態。這概念適用於說明急性疾病（例如：發燒），有機體要以熱力擊退微生物。

　　複雜系統具有產生臨界狀態的傾向，這對進化來說是必需的。這些傾向說明了何以我們在物種的進化發展中，以及發生疾病時，有時會觀察到發展上的突然躍進。

　　當我們把疾病視為一個轉機和獲得嶄新健康的先兆，我們對疾病的態度亦會隨之而改變。如果我們試圖抑制或消除疾病，而不是把失調當作成自我組織的一部分，我們就有可能損害自己的某部分。疾病是系統活動需要協助的一種表現，疾病是系統需要改變和幫助的呼喚，醫生需要去理解疾病所運用的語言。

第十二章　療劑就是訊息

自從電腦出現之後，資訊科學（Information science）便在 20 世紀中期展開了，它讓我們理解資訊在日常生活中的重要性。資訊在生物學中是重要的，現在甚至在物理學上也變得重要。

順勢療法療劑是透過加能法，將資訊印到水之上，它不是某種物質的物質劑量。要為順勢療法提供科學解釋，要訣是顯示出只載有資訊的療劑確實有效用。資訊科學就可說明這事，資訊對於所有層次和所有領域的科學都非常重要，特別是在生物學上，資訊傳播更是健康與疾病的關鍵。

「當疾病發生時，發病的是人，而非組成他的有形物質。物質永遠不會生病……在身體中，它只是疾病留下的足跡……若要痊癒的話，唯有是……通過……資訊的輸入。如果那藥物聲稱是療劑，那麼它必須把當事人缺少的資訊，傳達到其身上……但是要做到這一點，便要將礦物或植物中的資訊，從其物質形式中分隔出來，從外在軀殼中釋放出來。然後可以將此資訊傳到合適的資訊載體……這正正是順勢療法加能過程中所發生的事。」[113]

資訊的重要性

由於現代互聯網等電子通信的發展，我們都知道資訊的重要性。它是最有價值的商品，也是最有力的工具。一切事情從政治革命到跟朋友見面，適當的資訊比起任何東西都來得重要。

現今資訊的首要地位有助於我們了解，在健康層面上，資訊同樣起著最重要的作用。複雜系統的資訊傳遞，可以決定它們的功能強弱，而在富生命的有機體上，即表示它們的健康狀態如何。

如果構成人類的子系統之間通訊失靈，便會出現疾病。當內部溝通瓦解時，疾病就會開始發展；不應該有炎症的時候，卻產生了炎症反應，或應該有炎症時卻沒有炎症反應。如果甲狀腺不活躍，可能意味著甲狀腺和腦下垂體之間的資訊回饋工作做得不好，因為腦下垂體是負責調節甲狀腺的。若是出現腫瘤，那是溝通的問題，因為身體正常可以通過啟動炎症反應來消滅不需要的細胞，疾病往往是資訊和溝通的問題。

激進的生物學家羅拔‧羅森想要在多個層面上引進資訊理論，他說量子力學（Quantum mechanics）和場論（Field theory）中，物理學家仍舊沿用比牛頓還要早期的假設是不合理的。他說這些都應該要與時並進，然後就會發現資訊的交互作用，不但可以解釋物理學現象，還可解釋生物及電腦的現象。這樣會引起一連串未有答案的問題——甚麼是資訊？資訊如何傳播？在量子力學中，貝爾定理（Bell's theorem）表明粒子能夠以比光速更快的速度分享資訊，當然，這是「不可能」的。

資訊與疾病

通信、資訊和組織的瓦解所導致的失調,與醫學上稱之為功能性疾病的概念相對應。在這些情況下,系統運作得很差,但實際上卻沒有出現任何損壞。如果失調持續,則會影響物理結構,例如:如果不修復關節,就會出現關節炎,要是功能障礙持續,可見的有形病理變化便會出現,許多種類的組織失調,均可導致不同的物理性惡化。如果化學供應和電子訊息不斷出錯,結果便會導致涉及組織和器官的損害。

療劑就是訊息,痊癒便是回應

順勢療法療劑將輸入的資訊記錄在水的分子結構中,就像記錄在光碟上的資訊一樣。資訊的載體在嘴裡溶解,在沒有副作用的情況下被吸收,吸收資訊是當中的重要一環。順勢療法發現加能法可以使療劑到達生物的組織層面,以資訊的方式被吸收。生物作出的反應便是痊癒。療劑(即是資訊)是按生物需要而精確選擇出來的,完全切合系統的自我組織模式。生物對此訊息感應強烈,它的反應是進行更有效的組織工作,結果就是疾病的痊癒。

資訊的傳輸不是物質性的,因此並不依賴分子的存在。

療劑所源自的物質,並不會存在於療劑內,就如同錄製光碟的管弦樂團,也沒有在光碟上出現一樣。儘管物理分析不會從光碟上探測到資訊,然而光碟上的資訊可以透過光碟機讀取;療劑的資訊則可經由人體組織解讀。

類推的科學

探索這範疇的科學大道是資訊科學，而它是從電腦科學衍生出來的。電腦的發明，令我們認識到資訊的重要性，這見解正延伸至資訊在生物學中的角色。要把資訊這概念應用到生物學上，便需作出一些調整，因為生物系統比電腦複雜得多，有些見解是不可搬字過紙的。不過有些卻可以，它們有助我們更準確地檢視生物有機體。

我們對現實的認知和對世界的科學知識，都會被我們理解的程度，或因我們缺乏理解的程度而受到限制。因此，人類要了解世界的話，必須要理解對照（Comparison）和類推（Analogy）此等有建設性的概念。科學是由我們的理解程度構成的，即使這並不是科學的本意，但卻一定會受到缺乏遠見的限制。科學被我們頭腦運作所設定的範例所局限，電腦就提供了這樣一個示例：在電腦被發明之前，科學都無視資訊的作用，只有靠想像力把生物學中的資訊跟電腦作對照，其意義才變得容易明白。

引申、類推和想像力對科學都很重要。不論何時，科學知識始終會有其限制，它們有助於彌補這些限制。我們很容易忘記，人類的整個知識體系，全都是人類頭腦的創作，我們把它不斷跟現實對比，以確保它跟現實相符，並肯定我們的想像力不會走得太遠。但是無論如何，我們的認知確實是依賴我們的想像力。科學需要引申及類推，科學的發展是由人類吸收新的資料，並發揮想像力而開啟的。理解現實的新視野，就是新理論和方程式的源頭。歷史說明了未來 100 年的科學給我們的驚

喜，跟過去 100 年的科學給我們祖父母的一樣，科學進步所需要的，正是一些不科學的元素。

資訊與能量

以下是另一個類推。資訊被儲存在光碟上，當光碟被置入一個相容的系統，例如：光碟機甚或是機器人之內，資訊會提供信號到系統，從而釋放能量。這跟服用順勢療法療劑的過程類似，資訊和能量是相連的——接收到訊息就會引起回應。資訊就是指引，因為資訊（In-formation）發出「知會」（Informs），把當中的形式引入（Introduces form）到沒有形式的生命力之中，資訊能觸發行動。

資訊科學強調了資訊在健康與疾病當中的作用，健康是智能系統如何保持本身正常運作的知識。複雜系統由資訊控制，而良好的健康需要正確的資訊。下丘腦控制能源製造、饑渴和其他的身心活動。例如：它會評估對食物的需求，並因此將訊息傳入中樞神經系統，同時它會追蹤心靈，也會受情緒影響。越來越多證據支持炎症反應和失調（如：類風濕性關節炎等疾病），都與下丘腦受壓反應有關。在這種情況下，我們看到資訊以不當方式通過系統，最終出現疾病，失調的資訊對致病成因有重大意義。

這種理解引領醫學研究走上醫學資訊（Information medicine）與生物調控（Bioregulation）方向，也就是帶領醫學步向順勢療法。

資訊與易感性

模式圖像可以自然地出現在細沙、海灘或沙漠上、塵土中、紙張上、水裡等等。模式圖像顯示了資訊，而資訊則嵌入在世界裡、在人體內。人體內大部分的資訊途徑都尚未被了解，分子化學藥物之所以在這門新科學中消失，是因為分子化學藍圖並非將重點放在人類運作的關鍵功能上。

以那個模式思考，就如同在不考慮磁場的情形下，試圖找出鐵屑如何自行在紙上排好。

當我們把資訊科學應用於健康和疾病之層面，我們就開始著眼於如何配合系統的資訊網絡，而非修理或替換它的部分。返回與電腦的類推，電腦故障通常也會因為輸入正確資訊而被修理好──這就是正確的「治療」。錯誤的程式不能做些甚麼，智能電腦將無法讀取，但輸入正確程式或觸碰正確的按鍵，便可奇蹟地結束痛苦和修正功能障礙。資訊必須是可被智能電腦使用的；它必須跟電腦運作中的智能相對應，還原功能的資訊必須與系統相容。

「……如果我們想要『進入』通訊網絡（以便了解和最終影響它），我們就要使用與我們目標系統一致的方法或通訊方法。」[*114]

資訊的質素遠比數量重要，訊息的意義比訊息的數量和重量來得重要：如果系統已準備好接收訊息，就算是低聲說出正確的訊息也能通過。系統越複雜，回應往往越快：這是複雜系統的一種普遍特徵。

同樣的原理可以應用到藥物之上——如果在藥丸中的資訊模式是合適的，如果它與系統是兼容的，便能夠被生物有機體吸收，生物有機體的程式設計就可被糾正。

順勢療法的療劑有效，因為它是資訊。這都是自然而生的資訊，在植物、礦物和其他物質中存在，可作為藥物使用。*白頭翁*就是把名叫白頭翁的花朵加能之後，它在水中所留下的烙印。這不止是基因結構，而是構成這種植物的資訊模型。

案例四十八 CASE STUDY 🔍

療劑就是資訊

這個案是一名患有膿皰瘡的七歲小孩，他還有嚴重的頭痛，通常於晚上發作。頭痛每幾個月就會發作一次，他會因痛楚而嚎叫，而且還做噩夢。第一次服用療劑後，膿皰瘡便清除了。三個月後，他因為噩夢太多而影響到睡眠，人變得累了，但腦袋卻變得活躍，以致不能入睡。一個月後服用了另一種療劑，他仍然是多夢，然而內容是更加歡樂、更令人興奮和快活的夢——在那之前夢中的他都是被抑制的。及後，他的睡眠有所改善，往後一年狀態一直良好。

他重新設定睡眠程式所需的資訊，是由*白頭翁* 200C 提供。轉校加上換了同伴使他的情況惡化，他因發燒而不上學，而且表現得生氣、愛哭和疲累。在服用多幾次*白頭翁*之後，他的情況再次得到改善，從那時到現在都一直保持良好。

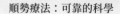

第十三章　疾病究竟是甚麼？

要強調順勢療法和系統科學之間的相似之處，下一步就是關注疾病的本質。甚麼是疾病？我們有多少時間會停下來思考這問題呢？當我們生病時，內部實際上到底發生了甚麼事？人類組織是如何運作的，而我們又可期望藥物有甚麼作用呢？

系統科學表明疾病是一種系統故障，而非自己單獨存在的實體。疾病是事物的屬性，是發展出來的情形，而不是擊倒我們的獨立實體。

人類於每個層面上都是自發的，所以疾病是因自我組織瓦解而生成。這是複雜科學為疾病提供的新視野，同時也是順勢療法一向對疾病的觀點。

甚麼是疾病？

順勢療法與複雜系統科學一致的疾病理念，跟傳統西醫的截然不同。傳統西醫會根據身體的變化來作出診斷，例如：關節出現炎症問題，就會被診斷為關節炎，關節的變化是由關節炎「導致」的，原因並非來自生物有機體內部——即是以這

種角度來看，病因和疾病都是來自生物系統以外。這意味著關節炎是一種疾病實體，也就是說，它有其自身的存在，與患者是分開的。關節炎被視為某種有能力攻擊關節和致病的東西，雖然傳統西醫很少直接說出，不過這就是他們的重要原則——疾病能夠憑著本身的條件存在，而且有能力攻擊我們。也就是這種看法，令疾病看起來帶有屬性特徵，例如：「侵略性的」（Aggressive）和「侵入的」（Invasive），他們假定了疾病就是一個具有這些特徵的活躍實體。

相反，以系統觀念來看待疾病，焦點會放在患病的生物有機體上。以關節炎為例，受損的關節會被視為系統失調的結果。系統無法維護關節健康，從而導致損壞，此時關節的變化是系統出現問題的結果。關節炎一詞所描述的，是關節退化的情況，而非獨立的實體。

在複雜系統的醫學中，疾病只是生物有機體不能正常運作而出現的狀況。傳統西醫則認為疾病是獨立的東西——它們是各種「名詞」。然而在系統醫學中，它們是各種「形容詞」，它們描述事物的狀況，而且只存在於患者內部。正如沒有剎車系統就不會有剎車故障，「剎車故障」這東西不會獨立存在；哮喘只是以一種失調的模式存在，而非一個單獨的疾病實體。

這同樣適用於精神醫學，從傳統西醫的角度來看，如果有人變得沮喪，就是一種叫「抑鬱症」（Depression）的病影響了他們。但從系統角度來看，是精神層面開始以鬱悶的方式運作。

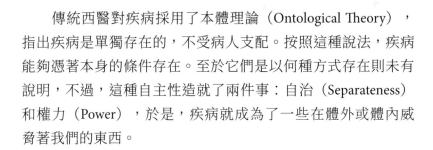

　　傳統西醫對疾病採用了本體理論（Ontological Theory），指出疾病是單獨存在的，不受病人支配。按照這種說法，疾病能夠憑著本身的條件存在。至於它們是以何種方式存在則未有說明，不過，這種自主性造就了兩件事：自治（Separateness）和權力（Power），於是，疾病就成為了一些在體外或體內威脅著我們的東西。

　　傳統西醫會直接治療疾病，病人和整個生物有機體只是次要的。藥物針對的是疾病本身，它會影響或中和疾病，有時副作用還會傷及病人。順勢療法療劑所針對的是病人整體，它使生物有機體有能力治好自己的病，疾病是經由病人根治的。傳統西醫與整全醫學之間，對疾病認知的差異不會經常被闡述，但卻最為重要，因為對於健康和致病原因，它們兩者各自秉持完全不同的態度。傳統西醫視疾病為伺機攻擊我們的敵人，是一些需要與之搏鬥的東西。以複雜系統科學和順勢療法來看，疾病是病者的一部分，表示系統不能全面正常工作，需要的是關注。

　　如果我們用這種看法來看感染，便會發現問題是免疫系統沒有能力防止感染。因為免疫系統沒有能力去阻止，涉及的微生物已經倍增。因此，我們發現到感染、疾病之所以會發展，只因系統允許它這樣做，所以需要治療的是系統。

　　然而，感染跟其他疾病有所不同，例如：退化性疾病（好像關節炎）。在感染的情況中，除了生物有機體之外，還有病毒、細菌或寄生蟲都可以被殺死，直到再次有微生物繁殖之前，這都會是有效的。於感染中，疾病本體論有部分適用，這解釋

了為何傳統西醫治療感染會有成效，但這已是西醫能夠取得的最大成功，至少真的有東西讓抗生素去「抵抗」。從這個角度來看，傳統西醫治療感染的方法是有效的，因為某程度上細菌跟病人是分開的：因此抗生素會有短暫的成功。可惜，傳統西醫的做法處理慢性疾病則不太合適，因為疾病確實是病人的一部分，這正可解釋西醫治療慢性疾病的低成功率。要處理這些疾病，除了治療病人外，就沒甚麼需要治理，因為疾病完全是患者的情況。消炎藥的設計是用作「抵抗」炎症，所以實際上是攻擊生物有機體本身。如果藥物是以治療疾病為目的，它們必然也能治療病人，因為根本沒有其他東西需要治療。傳統西醫將疾病本身視作一樣東西，而實際上那只是病人需要治療的一個狀況。系統科學表明傳統西醫一開始便已經被定型，一直按這種方式來看待疾病。

案例四十九 CASE STUDY 🔍

　　一名 12 歲男孩有聽力問題，這影響了他的行為。他表現得坐立不安和激進：不能專心於學業，而且發脾氣時會對自己的家人拳打腳踢。接受順勢療法治療 10 天內，他變得開心些，而且不再那麼激進，幾天後他就停止抱怨他的聽覺問題了。後來，測試結果顯示無異常。療劑是按照男孩的體質狀況而選擇的，並不是特別因為他的耳朵問題，當他的體質變好，疾病也會跟著康復。

疾病與病人

　　傳統西醫檢查的是疾病，順勢療法檢查的是病人。傳統西醫關注甚麼出錯，並嘗試糾正它。順勢療法治療的是仍然正常運作的部分，並幫助它將影響力擴展到不正確的地方。傳統西醫認為病人在疾病面前是被動的；順勢療法則把病人看成是有治癒能力的生物有機體。傳統醫學的重點是疾病，順勢療法則著重於健康。這種分歧亦滲透到醫生和病人的個人關係，傳統西醫的病人幾乎從醫生的眼中消失，因為病人經已從醫療系統中消失了。

　　整全醫學（特別是順勢療法）的原則是，「要治療的是病人，不是疾病」，這在複雜科學的驗證中得到肯定。由於疾病是患者的情況，按照自然的原則來對待疾病，就是要治療病人，疾病必須通過病人的生物有機體才被治癒。

　　因為傳統西醫認為疾病跟病人是分開的，現代西醫已幾乎完全漠視病人。例如在關節炎當中，很多獨特和不尋常的地方（例如：它如何受食物或天氣影響），全都被忽略了，因為這些東西都是來自病人的。傳統西醫有興趣的只是所有關節炎的共同症狀：炎症、疼痛、關節僵硬等等。它致力於儘量將病況與病人之間的距離拉遠，於是疾病變得抽象，跟病人或任何病人無關。

　　有些醫學研究更走向極端，利用基因工程使動物產生某些疾病。給予人類疾病的藥物，就在這些動物身上進行測試。除了倫理道德方面的考慮，令它成為差勁的科學之外，也有人因

為反對這基本理論而把它評價為差勁的科學。把疾病視作單獨實體這想法已經過了底線，才會忽略動物和人類之間、人為發病和自然發病之間的明顯差異。因為這些差異，人類服用了以這樣方式測試所得的藥物之後，就會產生全然不同的反應。這些動物的疾病，跟人類生病的狀況相差很遠，實驗結果是不可互相轉移的，這種藥物根本不合邏輯。

要比較西醫和整全醫學的概念，用任何疾病都可以，但為了簡單起見，我們會繼續以關節炎為例。順勢療法醫生在治療系統時，會致力找出患病系統的資料。他或她會有興趣知道關節炎的狀況，如何在那個特定的病人身上出現，也要知道該病人的其他情況。這樣對病人會有更進一步認識，亦即更了解正在接受治療的系統——對於傳統西醫，這些考慮因素無關重要。如果有其他問題，他們會用其他附加藥物來分別處理。

我們可以比較一下人類有機體和工廠，系統組織的重要性就會變得明顯。工廠中機器的效率取決於保養的系統，如果部門之間的溝通瓦解，儲存倉提供了錯誤的油，那台機器就不會運作良好，甚至最終瓦解。類似的事情亦發生在人體中，例如關節炎的情況：系統不能提供保持關節良好之所需，因此關節出現退化。

疾病是一個過程

我們傾向相信要治療疾病，便要鑑別疾病，給它一個名字，找出它的起因，並找尋治療這種疾病的方法。然而，如果我們把疾病看作系統混亂的最終產物，我們的看法就會改變。

疾病變成了一個狀況——是系統異常的證據，亦是該系統的一個特性。要治療疾病，就有需要治療系統，要治療系統就有必要先了解系統。為痊癒便要診斷病人的類型，而非疾病的類型。在選擇適當的療劑時，任何能讓順勢療法醫生了解病人是哪個類型的資料，都比知道是哪種疾病的資料更為重要。這就解釋了為何順勢療法醫生，會有興趣知道顯然跟疾病本身沒有關係的事情。對疾病的認知固然重要，特別是在跟進及預後兩方面，但對於啟動實際痊癒，卻不是那麼重要。在醫學上，這是一個巨大的轉變，亦是個艱難的轉變，因為它違反了我們本來的所有假設。如果我們把這觀點擴展到其他事物，例如：物理問題，它鼓勵我們把物質看成是一個過程，是能量形成的一個過程，最終一切都應該以這方式理解。根據量子物理學，這種觀點是正確的。

症狀的目的

血液測試和外科檢查給我們一些關於疾病的資訊，告訴我們在身體裡正在發生甚麼事。症狀是資訊的另一來源：它告訴我們現正生病，它們是生物有機體的自然語言。

症狀是來自神秘內在的自然信號，告訴我們一些比測試和檢查更微妙的東西。它們透露了我們的系統正在掙扎，所有症狀加起來告訴我們究竟正在進行的是甚麼掙扎。

傳統西醫認為疾病引起症狀，例如：關節炎能導致關節疼痛。在順勢療法中，病人會產生症狀和疾病；疾病和症狀都被視為系統性失調的跡象，是同一模式的一部分。疾病是由於自

我組織系統不能保持自身健康的後果；症狀是試圖變好的表現。

在 2010 年 8 月出版的《新科學家》中，有一篇名為〈自我療癒〉（Heal Thyself）的文章，內文描述了在倫敦大學學院深切治療部專科醫生默文‧勝家（Mervyn Singer）的新思維。他說：「在過去十年裡，幾乎所有關於深切治療的進步，其實都是建議對病人少一點干涉。」他認為現代深切治療干擾了人體的自然保護機制，「人類已經發展到可應對極端氣候、飢餓、創傷和感染……但我們還沒進化到應付鎮靜劑、呼吸機和滿滿的藥物。」文章接著解釋這三項干預，可能會降低病人在深切治療部的生存機會（例如：在嚴重受傷後）。「患者能存活下來，往往都是因為沒有醫療干預，而不是因為干預而生存。」危重的人出現多器官功能衰竭，通常被視為「必須不惜一切來緩解的災難性發展」，但器官實際上可能只是關閉了，是「身體挽救體內多個器官的最終嘗試」。這些器官有時可在日後以驚人的速度康復，而關閉器官可能是一種適應性反應。器官衰竭，其實可能是保存器官。

「大部分深切治療科的藥物，都基於一種很少被查證的隱性理論——那就是，差不多所有嚴重疾病中看到的轉變，都是病態的。」但要提出的問題是：「當中產生的轉變，實際上是身體應對的戰略，意味著現代醫學有可能在干擾人體的自然保護機制。」

如果器官衰竭可被視為拯救器官，那麼症狀可被視作健康。不知不覺現代醫學的發展，已對健康和疾病有新的理解，那就是順勢療法的觀點。這個走向完全是系統科學和順勢療法

所提倡的，這不僅適用於重病，而是所有疾病。現在我們可以理解，何以順勢療法對現代醫療護理方法（例如：抗生素、類固醇激素等）有所保留。順勢療法醫生對疾病有完全不同的看法，一些最進步的現代醫學正在向同一方向邁進。還要多久深切治療部才會開始使用創傷的主要療劑*山金車*？它在這種嚴重的情況下，往往可見到顯著的成果。

這種傳統西醫思想轉向跟順勢療法匯合的情況十分罕見，順勢療法和傳統西醫對症狀大都抱有相反的態度。從順勢療法和複雜系統的角度看，它們被視為生物有機體嘗試自癒的證據。也許以前被誤解了，發燒其實是嘗試以微生物無法承受的熱力殺死它們。腹瀉亦可能被誤解成危害生命，但其原有的作用是企圖驅逐有害物質或微生物。即使有時我們很難把症狀視為一種企圖重拾健康的嘗試，但它們仍是生物有機體所能作出的最佳回應。在順勢療法當中，症狀被看成是試圖自癒的嘗試，它們指引出應該給予的療劑，療劑會令痊癒的嘗試更成功。療劑並不是治療症狀——這是對順勢療法的誤解。療劑的選擇是根據症狀而來，但治療的是症狀背後的失調。

案例五十 CASE STUDY

症狀是所需療劑的指標

一位 32 歲的女病人已懷孕七個月，她在聖誕節當日開始痛苦的作動。她腹部很硬，子宮連續快速地收縮，只要她稍動一下，痛楚就會更厲害。

　　她服用了一次順勢療法療劑，及後被送往醫院，發現了西柚大小的子宮肌瘤，並被認為這就是子宮收縮的原因。她第二天離開醫院的時候，並沒有得到任何治療，她稍有改善。因為醫院已不能做些甚麼，於是她求助於順勢療法。

　　疼痛使她的身體緊繃起來，她不由自主地顫抖、嘆氣和呻吟。痛楚是一種撕裂般的痛，任何動作，甚至只是翻動被子，都會令痛楚加劇。

　　這裡有兩個非常重要的順勢療法症狀：痛苦導致病人嘆氣，動作會令子宮的痛楚加劇。這些狀態告訴我們關於病人的狀態，而非疾病。他們指出病人對子宮肌瘤有甚麼反應，即身體需要何種協助來嘗試成功痊癒，這種情況所需要的是黑蛇根（*Cimicifuga*）。幾小時後子宮停止收縮，而且病人很快就舒服多了，12 天後已檢測不到子宮肌瘤的存在，男嬰正常地在兩個月後出生（遺憾的是，療劑在下一胎懷孕時沒有幫助）。

疾病的自助理論

　　物理學中的自助理論（Bootstrap theory）指出，使用再強的顯微鏡去探求物質的基本層面是毫無意義的，因為這種水平根本不存在。物質中沒有要解釋的事，也沒有發現到基本的建構——它就是這樣；它就如長靴上的鞋帶，靠自己的力量支援自身。現象即是解釋，所以自助理論是一種現象學說。以先進技術深入研究來解釋物質，是一種長久以來被擁戴的主意，但是對於簡化論者（Reductionist）來說，只是一種幻覺。

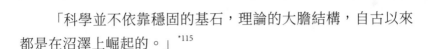

「科學並不依靠穩固的基石，理論的大膽結構，自古以來都是在沼澤上崛起的。」[115]

就像現代汽車沒有底架一樣，它仍舊將本體維繫在一起，物質的維繫也是一樣，它不建基於基礎。無論是沼澤或量子海，在不能分割的整體中，物質只是一部分。物質只有自身，並不建基於主要的粒子，亦不建基於任何事物。

> 祖，您正在搜尋
> 不存在的東西
> 我指的是開端
> 結果以及開端——這些東西
> 根本並不存在
> 有的只是過程
>
> 　　　　　　　羅拔‧霍斯特（Robert Frost）

沒有東西是固定的；生命和物質都沒有根基。兩者都是自我支持的現象，以他們本身的網絡維繫自己。

如果把此理論應用於健康與疾病，它便確認了順勢療法的觀點。疾病本體論說——疾病都是自身存在的，不僅僅是影響病人的情況，而是獨立的實體。對比起來，疾病的「自助理論」更符合整全醫學——疾病是功能故障，是動態失調。它們是過程，而非主體。真正的疾病是生物有機體的狀態，在進化過程中卡住的地方。

順勢療法療劑把生物有機體從死胡同中帶出來，並送回生命的路途上。

總結

在複雜科學中，自生創造（Autopoiesis）一詞，是用來形容系統如何創建和發展自己的。這個詞的字面意思是自主創新，而它的「創造」（Poiesis）部分起源自「詩」（Poetry）一詞。自生創造的發展過程中，自動催化時自己會作為自身的刺激，並讓自己轉變。自助理論、自我組織及自我創造的科學，都是一種釋放。這些理論給予我們一個自創的世界，充滿了自我創造的有機體。「進化」從今以後不再只是自我調整和被動的，它同時是積極、有創意的，能夠把新形態帶入世界。現時許多生物學家都認為達爾文的進化論（Darwinian），並不足以解釋生物是如何進化。一些「建構模式能力」的概念亦是需要的，這是進化的新生物學。

進化與健康有著聯繫，任何痊癒過程都是自我組織超越失調的勝利，以及個人進化的一小步。新的生物學引申出這種新的治療角度，我們對健康和疾病的看法，是我們對生物學和現實假設出來的產物，我們採用的範例會影響我們對一切事情的看法。

第十四章　藥物的實際運作

如果疾病不是我們最初所想的，那麼用藥會有甚麼後果呢？如果疾病其實就是病人的狀況，那當我們治療疾病時，其實是在處理甚麼呢？答案是：我們一直是在處理病人，因為疾病和病人是分不開的。

這解釋了為何西藥會有副作用，藥物的副作用反映出藥物能夠影響整個系統。無論我們喜不喜歡，藥物必然會同時處理「病人」和「疾病」。

順勢療法更加深謀遠慮 —— 它認為這種必然其實是種恩賜，治療疾病的最佳方法就是處理病人。這原則被科學肯定了，複雜系統會自行產生自己的疾病和健康 —— 療劑的角色，就是要使系統有能力重新組織起來。

順勢療法和傳統西醫對人類有機體持有徹底不同的見解，沿用的醫療系統也截然不同，本章節將會探討這話題在實務上的真正含義。

觸發自我痊癒

疾病的過程是生物有機體的一部分，痊癒過程也是一樣，整全醫療會透過內部提升整個系統來刺激痊癒。最好的痊癒是經由生物有機體本身來完成的，這就是符合完整和百分百純天然的根治。關節炎發病時，我們希望身體停止產生不必要的炎症，然後修復關節。但當癌症發生時，我們卻希望身體做相反的事，在腫瘤位置引發炎症，從而消滅它。在口腔潰瘍時，我們渴望身體長出新的組織。至於生疣，我們則希望它破壞組織。

失眠的整全治療會令身體自然入睡，它會重拾天然的能力去把身體放鬆，進入睡眠狀態。天然的整全治療，是將本質回復至美好和完善狀態，這是透過處理系統，而非處理疾病來達成的。

正如巴拉塞爾士在 16 世紀時說的：「我們自己的本質，就是我們的醫治者，它具有本身的所需。」治療的目的是在有需要時，使生物有機體可以自我治癒。巴拉塞爾士繼續說：「憑藉身體本身驅走的疾病，比醫生和藥物還要多。」我們之所以一直保持健康，是代表我們的系統持續運作成功，可順利地進行表演，它們的組織活動過程一直設法避免混亂和瓦解（即是疾病）。

「令人沮喪的是，無論醫學研究人員有多麼關注，生物有機體就是最出色的藥房。它生產利尿劑、止痛藥、鎮靜劑、安眠藥、抗生素以及製藥公司製造的一切產品，然而出品的質素卻好得多。劑量總是準確和合時，只有輕微或根本不存在的副作用……」[116]

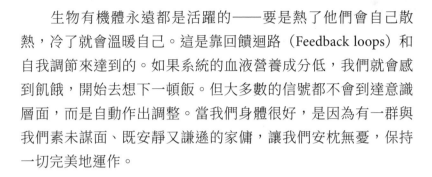

生物有機體永遠都是活躍的——要是熱了他們會自己散熱，冷了就會溫暖自己。這是靠回饋迴路（Feedback loops）和自我調節來達到的。如果系統的血液營養成分低，我們就會感到飢餓，開始去想下一頓飯。但大多數的信號都不會到達意識層面，而是自動作出調整。當我們身體很好，是因為有一群與我們素未謀面、既安靜又謙遜的家傭，讓我們安枕無憂，保持一切完美地運作。

事實上我們棲身在一個身心系統（Body-mind system）之內，那裡創建了細胞、器官、神經、大腦和很多美妙的能力，而我們的意識就在那上面，下面就是我們所需要的痊癒，然而有時它需要被引領，才會作出行動。

健康是一個主動活躍的不穩定狀態，是不同衝突的和諧面，當任何一個機能越界時，就要不斷協調潛在的叛亂。健康是靠協調和平衡來維持的，以求在路上繼續保持完整無缺。當生病時，生物有機體會被迫犧牲某些功能，暫時容許失調的情況，這樣做是為了保留生物有機體其餘機能的健康。如果組織能量遭到破壞，而無法成功協調一切，就一定要作出犧牲。當我們受壓力時，便可感受到這過程是如何在不同層面上運作。在我們未能應付的危機中，我們必須退讓，往後再去收拾。我們當然會盡量保持面面俱圓，然而我們必須作出取捨，目的是為了維護那些最重要的部分。當我們生病時，這過程就會在我們身體發生，代表生命即使竭盡所能，但仍不能維持一切。他們儘可能保留最重要的功能，然而要放棄某些東西，所以失調便會在不知不覺間，混入和出現健康問題。

案例五十一　CASE STUDY

　　在這案例中，系統受壓力以致不能維持所有功能，於是出現症狀和疾病。

　　一名 69 歲的男子受壓力影響而引起咳嗽，他在公開演出前（工作的緣故）已有太多天為了這個問題而臥病在床，下午三時至晚上七時最辛苦，而且在身體右側出現多種問題。我們會在石松的驗證資料中發現這種失調的模式，病人在服用石松後改善許多。五年內他服用了六次石松療劑，每次都有好轉。他最近一次說：「你又再次行奇蹟了，我覺得我可以好好生活。」他以前說過，他最害怕被迫終止所有活動和變老。

系統也有極限

　　現代醫學沒有整全治療的概念，不過，原來這概念是到了近年才沒落的。在 20 世紀中葉之前，傳統西醫的工作尚存一點點整全模式，純粹是因為那時沒甚麼別的可能。大部分情況下，醫生除了對疾病作出診斷和處理，可以做到的已經不多。當時可用的藥物很少，效果也不彰。那時候，醫療更加仰賴信任天然痊癒力量，期待最好的會來臨。沒有強力的藥物，醫生只能靠攏自然力量。當醫學尚未變得「現代」時，「動物有機體」（Animal economy）的觀念倖存下來。那是一個基本的整全概念，沒有以系統科學來解釋本義，但無論如何都有一定價值，它帶出了整體有機體也有極限的意識，如果力量要被轉向

一個方向，就有可能要從另一方面調動過來。如果某個機能過度發達，另一方就可能發展得不充分，因為資源並非無限。這概念鼓勵我們尊重大自然，也就是不鼓勵干擾。

及後發展的系統科學顯示，整體論（Holism）在最基本的意義上是絕對成立的——人類有機體是有極限的。例如：對瘧疾產生抵抗力的地方，就有發生鐮狀細胞貧血（Sickle cell anaemia）的傾向。許多其他例子也顯示：當抵抗某種疾病的力量提升，對另一種疾病的易感性便會增加。調撥資源到某處，可能會使另一處缺乏資源，免疫系統就是這樣運作，能源必定是來自別處，生物有機體的某方面高度發達，另一面就有可能缺乏發展。察覺到這情況的人，當然會對刺激有機體的某部分，而非整全的治療產生猶豫。

疫苗注射

因此，我們對疫苗注射（針對單一疾病的人工刺激）產生了疑問，孩子們會按照常規接受 20 或更多次的注射。當血液直接與微生物發生這麼多接觸，而不是經過正常能對微生物作出反應的鼻或口進入，會對免疫系統產生甚麼影響呢？與此同時，累積的人工刺激會否對免疫系統的整體發展有任何影響？

疫苗還有其他問題：因為疫苗中還有其他材料，例如：防腐劑（Preservatives）和佐劑（Adjuvants）[32]——後者會讓身體對微生物產生更強烈的反應。水銀以前是主要的防腐劑，直

32　譯者註解：佐劑，源自拉丁文，意指幫助。佐劑是疫苗藥品的可能成分之一，其主要功能是協助誘發、延長或增強對目標抗原產生特異性免疫反應。

到發生了由安德魯‧沃克菲爾德（Andrew Wakefield）[33] 掀起的麻疹、流行性腮腺炎及德國麻疹（Measles, Mumps and Rubella, MMR）疫苗爭議之後，才開始在大多數疫苗中停用，它的用量龐大，而且是劇毒。這情形亦見於最常用的佐劑——鋁，至今仍被廣泛使用。

「大部分疫苗都有鋁的存在，它是劇毒，已被確認會導致腦部損傷，並與兒童的行為問題有著關連……然而因為我們有腸道的『保護屏障』，隨著食物進入身體的鋁，很少會被人體吸收。但是透過疫苗注射進入身體的鋁，就可以繞過屏障，這種使用方式是從未經過安全測試的。在接種疫苗的當天，嬰兒被給予的（鋁）劑量，已超出了建議每日最高攝取量的一千倍[34]。」*117

33　譯者註解：安德魯‧沃克菲爾德，英國籍腸胃病學家和醫學研究員，他最為人矚目的，就是 1998 年 2 月在世界權威醫學期刊《柳葉刀》上發表了一篇論文，把三種混合疫苗接種（MMR 疫苗）與兒童自閉症直接聯繫起來（Wakefield A; Murch S, Anthony A, Linnell J, Casson D, Malik M, Berelowitz M, Dhillon A, Thomson M, Harvey P, Valentine A, Davies S, Walker-Smith J. *Ileal-lymphoid-nodular hyperplasia, non-specific colitis, and pervasive developmental disorder in children*. The Lancet. 1998, 351:637–641）。到了 2004 年 3 月，《柳葉刀》以證明沃克菲爾德弄虛作假為理由，撤銷了這篇論文並道歉。2011 年，英國醫學委員會開除了沃克菲爾德的行醫資格，並建議對他以前發表的所有論文重新審查。不過，他並沒有放棄反疫苗的行動，於 2016 年擔任了紀錄片《疫苗：因欺瞞引起的大災難》（*Vaxxed: From Cover-up to Catastrophe*）的導演，揭露了美國疾病防控中心懷疑隱藏疫苗副作用數據的利益問題。

34　譯者註解：每一支白喉、百日咳、破傷風的混合疫苗（Diphtheria, Tetanus, Pertussis）內，含有 1.25 毫克（mg）磷酸鋁（Aluminium phosphate）；每一支乙型肝炎疫苗（Hepatitis B）內則含有 0.25 毫克氫氧化鋁（Aluminium hydroxide）；歐洲食品安全局（European Food Safety Authority）於 2008 年制定，鋁的安全攝取量為每星期每公斤體重 1 毫克，而報告中也表示，食物中的鋁只有 0.1% 會通過腸道被吸收，所以，體重約為三公斤的新生兒，每日的吸收量不能多於 0.0004 毫克。

嚴重健康問題的治療

　　這個關於人類有機體極限的概念，在發生嚴重的健康問題時最為清晰。一個強壯的人應該擁有良好健康，有機體強壯得足以使他（或她）遠離疾病或較易康復。如果一個人出現多種健康問題，那就表明組織的力量較弱。在發生非常嚴重的健康問題時，控制秩序的勢力已不太可靠。特別是在病人生命受到威脅的情況下，生物有機體的極限就會變成最重要的考量。嚴重事故、嚴重急性疾病和使病人（尤其是長者）變得虛弱的慢性疾病，已很接近生物有機體生存能力的極限。

　　如果要治療次要的情況，生物有機體的資源就會被分薄，並因此而無法遠離嚴重、更深層次、可能致命的狀況。例如：處理嚴重事故時，現在認為讓身體表面保持涼快，會比努力去令其暖和更為有益。這情況會在休克狀態時自然發生，為的是保存重要器官的血液供應。一般來說，當生命受到威脅時，身體會運用其他部分的能量，來努力保持重要器官的運作，違背這些努力的治療，都可以算是有害的。

　　有多種健康問題的人，很容易因為經常服用多種藥物而使健康情況更糟。組織的智能首先會掙扎，任何新的藥物都可能擾亂系統嘗試維護核心的活動，這樣會為已經出問題的生物有機體帶來更大包袱。正是這種情況下，生物有機體的極限和對抗療法壓抑的後果，都會變得最為明顯。

細胞再生和免疫力

細胞再生和免疫力是兩個對立的過程。它們之間的兩極化，表明了生物有機體是有其極限的概念。在子宮裡有大量細胞產物，但沒有免疫系統。在所有生物有機體當中，具有很強的細胞再生能力的，免疫系統通常就不發達。爬行動物和蜥蜴都具有非比尋常的重生力量，蠑螈能重生出失去的足肢；如果池塘蠕蟲被切斷為兩半，每一邊都會重生缺失的部分，並非一分為二。

人類卻不能這樣做，研究表明這是因為我們有複雜的免疫系統。傷口癒合和受損組織的再生，都是細胞成長的過程，而免疫力更著重的是消滅細胞——破壞危險或外來細胞，系統的極限意味著：兩者一般不能在同一時間良好發展。

人體唯一一次可完善細胞再生、創造新的肢體，就是在子宮裡——那裡不需要自身的免疫系統。人體這兩樣重要的能力往往會互相排斥，因為它們的功能相反，需要不同的能力。它們是如此不同，而且對生物有機體的要求也是相互排斥，生物有機體只好將其資源投入當中的一項。

當兩個活動被適當引導並達到平衡時，我們就會得到健康——即是，當細胞製造進程中，只生產有益的細胞；而炎症和細胞破壞只針對有害細胞和微生物。如果細胞生長和破壞的平衡出現失調，就有可能造成兩種極端。第一種可能是無法摧毀不良細胞，所以有害細胞增多，也就是癌症的基本過程。另一種就是健康細胞被失當地破壞，炎症過程轉向生物有機體內

部發生，導致系統攻擊自己，引發自身免疫疾病（Auto-immune disease），例如：多發性硬化症（Multiple sclerosis）。

任何抑制或轉移炎症的治療，都可能對免疫系統造成損害。例如：可能會影響兒童免疫系統的發展——妨礙免疫系統透過天然接觸微生物，從而得到學習。免疫系統是整個系統的縮影——它從經驗中學習，並由經驗塑造。和我們一樣，系統要從經驗中吸取教訓。治療感染或炎症的藥物，會在免疫系統中獨立運作，可能會影響免疫系統。免疫系統會開始出現上述的機能障礙，因為受到削弱而未能破壞細胞，或因被錯誤引導而錯誤摧毀細胞。複雜系統科學強調，生物有機體依靠對立活動的平衡，來令免疫系統作出反應與適應，進而回應和適應藥物。這暗示了抗生素、消炎藥物和疫苗注射，長期來說會助長癌症或自身免疫疾病，這兩類型的疾病，都是由這些藥品面世後，才有令人吃驚的顯著增長。

我們對健康和疾病的看法，深受我們採納的角度和視野所影響。我們的信念和假設，塑造了我們的治療，我們對疾病認知的思維方式有所轉變，就能開啟出新的醫學方法。

疾病的深化

傳統西醫每次只會注視一種疾病，並為每種疾病尋求個別的致病原因。它無法解釋為何這個人會比那個人更嚴重；何以有人會從流感中康復，但另一個則因而發展成慢性疲勞綜合症？為何有人一開始患了一種病，之後又發展成另一種？他們

沒有長時間追蹤健康的模式，這資料對傳統西醫實在沒有意義。相反，對人類整全的理解，可以為人類疾病提供前文後理，讓我們考慮健康問題時，不再停留於只單看一種疾病的水平，而是以長遠的視野去研究健康。

當一個毛病好了，另一個問題又出現，或者是再發展成另一個，這當中究竟發生了甚麼事？我們又如何理解為甚麼某些人會比其他人更嚴重？傳統西醫看不出所以來；他們看到幾個不相關的疾病，全都必須個別處理。然而，整全醫學看到的是：一個病人的系統出現了幾種失調，現在我們將幾種疾病的出現，視為失調正在蔓延的跡象。每種看似不同的問題，都是為保存其他部分健康而作出的犧牲。以這種說法，當系統能夠把它的調節作用，擴展到失調的部位，並在患病的地方重建健康，這就是痊癒的時候了。

系統科學有原則指出複雜系統總是盡其所能，作出最適當的反應（這似乎暗示了系統有自我保護的目標，這是科學領域上的一個爭議性問題，尤其因為它提出人類也有自我保護的機制）。人體似乎永遠會做到最好，這個定理是經過幾個世紀，對系統進行多方面的觀察，特別是複雜系統和生物。它已成為人工頭腦學（Cybernetics）的法則，當應用於人類身上時，是指當人體發展出某種疾病，已是在許可範圍內的最佳回應。可能的話，它傾向在最不重要的機能上發病，將維持生命活動的威脅減到最低。皮膚病就是個好例子，大多數皮膚問題都不會對生物生存構成嚴重威脅。疾病越是向內移動，對有機體整體的損害也越嚴重。中心的複雜性是自我組織聯繫的活動，目的

是保存性命和自我修復。它永遠會嘗試將失調局限在遠離其中心的地方。它會把失調向外具體化（Externalize），或至少邊緣化（Peripheralize）。

傳統西醫的運作是在系統以外進行的，並阻止生物有機體生病。這意味著它妨礙生物作出最佳回應，結果有可能會導致幾個問題。

一個強大的系統可能會適應這種變化，並恢復以前的營運模式。又或者它可能會重整自身，希望變得更好和更健康。但這做法也有可能剝奪了較弱系統作出最佳反應的選擇，因而被迫採取第二最佳模式。如果治療抑制了生物有機體的最佳反應，可能會迫使它因此作出自我重組。這意味著有機體將不得不採取退守，並產生一種新的、更嚴重的疾病，因為它把問題向外具體化的努力受到挫折。

在順勢療法中，這情況被視為壓抑疾病（或抑制症狀，導致出現一系列的新症狀，也就是新的疾病）。生物有機體的現狀已經跨越閾值（Threshold），不能持續原有的疾病，於是被迫以更深一層的方式去表達失調，這時會出現更嚴重的疾病，影響到更重要的功能。在最壞的情況下，這過程可能會向內深化（就如旋渦會朝著中心點向內轉），在患有嚴重疾病或同時患有好幾種疾病的重症病人身上，都可以看到這種結果。這些人可能是老年人，但並非必然的──我們看到越來越多年輕人也會患上嚴重的慢性疾病，近年甚至兒童也不能倖免。在這些情況下，病人已經非常敏感，壓抑一個疾病（尤其是較表面的毛病），就很容易導致另一種疾病惡化。

　　當然，嚴重疾病也可以在沒有上文所列問題之前就發生，在這種情況下儘管病情嚴重，但生物有機體具有更好的能力去治癒它，所以預後（Prognosis）較好。

　　為了不讓疾病駛向更威脅生命的病理進程，整全方法向來都是主張處理整個有機體，從來不會把一個人分割出某部分、或某個疾病來處理，而是整體調整免疫系統和所有其他低調地維持身體健康的活動來治療。配合生物有機體的自我防衛模式，疾病被趕向外跑，變成不那麼嚴重的疾病。治療得成功的話，當中最內在、最嚴重的疾病會首先改善，因為它們是最危險的，如果生物有機體尚有剩餘的痊癒能力，便會處理較次要的毛病。所以，直到更嚴重的問題（像是哮喘或腸癌）治癒之前，皮膚發疹、香港腳及周邊的問題，都被順勢療法醫生及生物有機體的自我組織視為不重要，因此，嚴重的疾病首先被治好。在某些情況下，簡單的毛病會暫時惡化，因為系統的其餘部分會先行改善。

痊癒定律

　　複雜系統往往盡能力做到最好，生物有機體亦會試圖令自己保持健康。他們苦苦掙扎，為的就是保留最核心活動的健康，即是生存最重要的關鍵，有時對生命不那麼重要的周邊活動會被犧牲。通常疾病會發生在周邊部位，例如：濕疹（一種皮膚疾病），僅限於全身最周邊的範圍。系統失調只限於不那麼必要的身體層面，大家都知道哮喘與濕疹有關，濕疹會發展成哮喘。如果發生這情況，就代表失調問題加深，進入呼吸系統，對整個生物帶來更大威脅。

　　如果將重點放在整個系統身上，我們對疾病的態度亦會截然不同。如今，我們所患的疾病都有作為——使我們身體的其餘部分健康。將生物有機體代入方程式中，生物有機體變成了活躍主動的實體，疾病就是一種被動狀態、健康上的缺失，我們就能建立起一個新的角度。我們會因此對健康問題的態度作出革命性改變，會以另一種方式對待疾病。我們再也不想攻擊疾病，因為疾病是我們生物有機體企圖保持健康的嘗試。

　　以上述的濕疹哮喘為例，如果以整全方式治療哮喘，有時濕疹會復發。如果濕疹問題持續，就要繼續進行整全治療。配合生物有機體自身保持健康的努力，使疾病往外走，與疾病原先出現的次序，將會是剛剛相反。

案例五十二 CASE STUDY 🔍

　　一名小女孩患有濕疹，主要出現在她的手肘和膝關節的位置，而且患有哮喘，情況在感冒後就更糟，晚間會出現氣喘和咳嗽。服用順勢療法療劑最初兩個星期，濕疹變得越來越嚴重，之後轉好，往後再沒有哮喘的跡象。

　　她服用的療劑是*水銀 30C*，在哮喘改善時濕疹加重，之後濕疹也會消失。這是自我組織系統使用由順勢療法提供的能量，把疾病由內推向外。

測量健康

19 世紀美國一位著名的順勢療法醫生君士坦丁・赫林，透過反覆觀察病人在服用順勢療法療劑後的痊癒過程，從而制定了痊癒定律。定律表明如果問題通過系統由內向外走，或是以疾病出現的相反次序重現，就代表病人越來越好，治療是正確的。如果相反情況發生，那治療就會損害病人。這項定律對指導順勢療法醫生最為重要，有助我們長遠地評估健康。很多重病的病人發展到現況之前，已經歷過一系列使其惡化的狀況。

只要長時間觀察大量病人，以找出他們疾病的變化，就能夠記錄並研究這些進程。如果成功治療濕疹卻出現了哮喘，這就是錯誤引導。要評估醫療效果就需要追蹤病人，而非疾病。就醫學統計來說，這不是常規，但它可以在統計學上展示疾病發生在個別病人和整體人口的進程。

以下是其中一位順勢療法批評者賓・高雅的建議：[118]

「在理想的世界中，我們應該就每位病人的情況，收集不記名的資料，以醫療結果與藥物史作出比對……這並非幻想，不會很困難，也不會過分昂貴。相反，我們現在有的只是不完備的監測系統和不可饒恕的隱密。」

順勢療法的批評者都推薦順勢療法的方法。

對傳統西醫的新看法

　　傳統西藥或對抗療法藥物，往往被視為唯一真正屬於科學系統的藥物，其實那只是 19 世紀科學思維模式的產物。隨著近期科學發展的協助，我們可以更宏觀地評估傳統西醫。傳統西醫很機械化，認為生物有機體是以類似的方式運作；它履行簡化論，把疾病簡化成純粹只有微觀的成因；它物質化，完全沒有考慮非物質、自我調節機制的概念。由於他們反對症狀，所以藥品都是具有對抗性質的，而且都不是複雜化學製劑，傳統西藥治療只是一種特定醫療模式的產品。

　　因為系統科學，我們現在可以這角度認識傳統西醫。系統科學對健康與疾病的觀點，與順勢療法發展初期已演化出來的模型不謀而合，並且說明得更加仔細。自從順勢療法偏離傳統西醫的醫療模式，順勢療法醫生便對傳統西醫作出深切的批評。他們承認傳統西醫有時候是必需的，因此表示歡迎，但他們同時指出那只是最佳做法的次選。順勢療法醫生說它可能損害人體健康，現代越來越多退化疾病和其他更深層次的病理趨勢，那正正是傳統西醫以抗生素和類似的壓抑性藥物治療急性疾病，之後得到的所謂「成功」結果。

　　然而，順勢療法並不是對所有現代保健服務都存有異議。現代保健服務實際上有很多方面都不完全是嚴格的醫學，意思是他們不涉及西藥。醫院、救護車、醫護人員、手術護理及緊急服務，還有許多輔助的醫療設施，都不一定要跟傳統對抗醫學包裝在一起。在印度就有數百間順勢療法醫院，可提供所有傳統西醫院才有的服務。在中國，針灸也是這種情形。如果我

們的醫療服務能夠更多元化，納入更多整全治療，包括：順勢療法，那麼病人的選擇就可以更多。順勢療法醫生都一致認為，不論是個別還是集體的健康，都會因此得到改善。歐美國家的健康大幅度惡化，儘管開支越來越大，仍處於危險狀態。現在是時候看看其他選擇，讓其他選擇（如：順勢療法）可以發揮所長。可見的時間內，傳統西藥都可能無法對抗感染，全球化更助長了這種變化，特別是到其他地方動手術。

卡迪夫大學（Cardiff University）的教授添·華樹（Tim Walsh）表示，細菌對抗生素的抗藥性如此強勁，抗生素的時代可能已到了終結：

「就許多方面來說，事實就是這樣。」他說道：「這很可能是個終結，在生產線上，根本沒有抗生素能夠抵抗製造 NDM-1 的超級腸桿菌（NDM-1-producing Enterobacteriaceae，這些細菌有多種抗藥性，會在腸道中茂盛生長）。」

他補充說，即使科學家馬上著手研究新的抗生素來抵抗這種威脅，也沒有那麼快面世。

「未來十年我們大概會有一個暗淡期，我們要非常明智地使用現有的抗生素，但同時要面對現實，我們已沒有甚麼可用來治療感染。」[*119]

在這些情況下，順勢療法並不只是「替代」療法，而是對抗新細菌的重要工具，現在不是打壓替代方法（例如：順勢療法）的時候了。

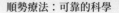

第十五章　科學的已知、未知及極限

目前物理學界的頭條新聞，都是尋找所有事物的理論，並以弦理論為當中的佼佼者。但某些科學家會突然跟隨一種不同的思路：「我們的儀器都有極限，既然物理事實的知識，是取決於我們可測量的東西，我們將永不會知道所有可以知道的事。」*120

這觀點與量子力學和在 20 世紀初制定的海森堡不確定性原理有關。

這原理指出我們不能在任何絕對的一刻，了解亞原子粒子的一切——這是測量的問題，而且還不止如此。似乎事物的本質，也是不可確定和不可預測的。這種不確定性突然在科學中再現，科學正在檢視接受神秘的可能性：「我現在認為，會出現終極理論這種說法是有問題的。」*121

有些事情可能會超越人類認知和科學檢測：「我們基於觀察來了解大自然和它的運作原理。那麼如果我們看不到一切呢？我們可能忽略了甚麼嗎？外面可能有個『隱藏的世界』，但卻是超越我們的感官……假使我們天賦異稟，可感覺和觀察到外在所有一切，這就會更奇怪了……即使以當今最先進的望

遠鏡，天文學家也只可以看到構成我們宇宙附近的 4%，其餘的我們都看不見，不過，透過它於我們所能看到的星系中所顯示的影響力，我們知道它們存在。」[122]

這情況亦適用於我們的家、我們的人類有機體。我們對於它的大部分運作都看不透和分析不了，但這迷離境界卻有著我們所能看到、感覺到和測量得到的影響。即使人類心靈運作是不能解釋的——我們仍會知道健康的心靈是怎樣的，當事情出錯亦會看到當中的分別。療劑可以在這些解釋不了的地方上發揮效用，我們可以看到並記錄康復之路，這當中不一定要理解背後過程。我們可按照科學方法，從經驗當中學習如何醫治人類不能被分析的身心。這是經驗主義（Empirical approach）的做法，與現代醫學的唯理論法（Rationalist approach）相對。在整個醫學歷史當中，經驗主義和唯理論主義一直爭持不下。唯理論主義強調了解疾病機理的重要性，經驗主義則接受不能解釋的過程。唯理論主義著重於分析，經驗主義則符合複雜系統的方向。

如果人類有機體有如複雜科學所說，永不能被完全分析，那麼唯理論主義便需要適應經驗主義了。不確定原理可應用到人類和其他地方，即使是粒子物理亦同樣可以。

唯理論主義 200 多年來一直主導了科學和醫學，但這情形正在改變。複雜科學告訴我們，到處都有無法解釋的特徵，這迫使我們採納一個較近乎經驗主義的看法。科學這次在走向經驗主義時最重要的是：科學方法仍然可被沿用，實驗與測試仍可產生有效的結果，缺少的只是個別過程的因果關係。以理性深入研究這些過程的詳細資料，並不是必需的，放棄其重要性

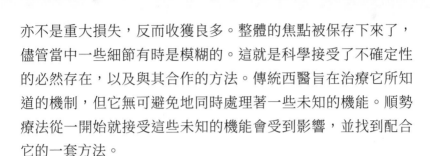

亦不是重大損失，反而收穫良多。整體的焦點被保存下來了，儘管當中一些細節有時是模糊的。這就是科學接受了不確定性的必然存在，以及與其合作的方法。傳統西醫旨在治療它所知道的機制，但它無可避免地同時處理著一些未知的機能。順勢療法從一開始就接受這些未知的機能會受到影響，並找到配合它的一套方法。

順勢療法觀察順勢療法療劑的所有藥效，以此為引導，並按照科學方法進行。

這就是分析與整體論的不相容之處，而我們必須從中選擇。整全的經驗實證方法較為可取，因為一切都保持在視線範圍之內──除了一些最終都是次要的細節，然而傳統西醫所著重的正是那些細節。

「機械科學不承認任何不可被測量、量化和分析的東西，這種科學視地球為一台機器；然而尚有另一種科學：整體科學和潛在秩序；希臘神話大地女神蓋亞（Gaia）的科學，一個活著的地球，會接受不確定性、神秘和驚奇的科學。我們會選擇何種科學？……我們已經做了一些致命的決定：我們破壞了日本的廣島市（Hiroshima）和切爾諾貝爾（Chernobyl），我們正在破壞雨林，造成冰蓋融化……是時候改變我們的方向，是時候做抉擇了，選擇權就在我們手上，而這選擇極為重要。」 *123

對順勢療法作出批評的「科學意識」網站，發表了關於氣候變化和基因改造食品令人放心的評論，似乎跟《重生》（Resurgence）雜誌的立場相反：

「以不歸點或轉捩點的想法來思考氣候是帶有誤導性的，同時也可能是不必要的危言聳聽。」

「基因改造農作物是一種安全的技術。」

整個順勢療法的歷史，一直都與「科學意識」網站中所展現的唯理論主義格格不入。順勢療法雖然已有 200 年歷史，它之所以被視為現代，是因為它接受「理性分析並非一定足夠」，有時我們不得不接受唯理論主義的局限性。在醫學上，這意味著要學習藥物可以做到甚麼，而不一定要知道是怎樣做到的。複雜科學告訴我們，要完全知道「療劑是如何做到它們所做到的」是不可能的事，因為人類有機體是超越分析的，它比所有各部分加起來的總和要大，我們已發現這同樣適用於物質。整個宇宙運作方式也是相同，所以一切都是整體。我們發現到四周的事情都大於其部分之總和。隨處可見的額外功能都是一種突現性質──它不能被加以分析。這就是為甚麼順勢療法的重點，是放在出現的現象，而不是無法解釋那現象的機制。

若要完成這現象學的經驗理論方法，順勢療法需要另一個重要元素，它需要一套方法去理解觀察到的所有改變；它需要一個計劃，從中觀察及記錄人們在生病和痊癒時，對療劑所產生的一切反應。這模型中人類的肉體、情緒和精神是一個連貫體，有一致的理解，這是將人類視為一個整體的看法。它包含了一個人的所有範疇，例如：將意欲、理解力和記憶力視為精神層面的機能；渴望和厭惡視為情緒的機能；以致所有感官、消化和活動視為肉體的機能。這些身體機能轉變背後的診斷，也被包括在內，只是以另一種方式。這就為經驗理論方法的資

料收集，提供了概述和框架。在這概念框架中，所有健康和疾病的徵象和症狀，以及所有的疾病，都可被放置在一個統一的模型之中。自此之後，我們擁有一種了解人類所有健康和疾病的方式，由這個理解就可得出一個既全面又科學的處方，再建構起一個醫療系統。順勢療法是建基於科學原理，而這些科學原理正是建基於對人類有機體有真正的科學理解。

順勢療法於科學史上的重要意義

有關順勢療法的爭議、資訊和錯誤資訊，總是令人模糊不清。專家的意見可能跟其他專家的意見和個人經驗有所衝突，「事實」似乎被拉扯至兩端。科學證據不可靠得令人驚訝，科學上各種不同的解釋似乎是背道而馳的。

這個有關順勢療法的爭拗已經歷史久遠，它涉及我們對物質和科學本質的核心看法，當中相關的證據、解釋、專家和經驗等重大問題。順勢療法支持者和批評者，都聲稱科學進步會為他們平反。也許關於順勢療法的爭議，能讓我們看清楚人心、看清楚科學，也讓我們認清知識和信念的分野。這對科學史來說很重要，因為它指出了科學是如何實踐及發展的。

順勢療法展示了我們對科學的評估、證據的演繹，以及對「甚麼是科學」的見解，可以是多麼的主觀——是多麼的堅持，不惜一切去抵制新發現。順勢療法令人反思一個沒有簡單答案的深層次哲學問題：如何決定甚麼是真實？我們在這個對真理編纂、炒作和竄改的世界中，該相信甚麼？

證據與經驗

可以戰勝這些不確定性的，便是實際經驗。

以下是一段「經驗如何比證據有更大影響力」的描述，當中涉及試圖戒煙的醫生：

「……肺部和腫瘤科的專科醫生們——他們親眼目睹過垂死的肺癌病人——戒煙的比例較高……」[124]

我們生活在一個越來越多圖像和螢幕的世界，科學證據某程度上亦是當中的一部分。真正的實際經驗：都被電腦製造的虛擬世界所遺忘了。因為那些令人費解的原則，順勢療法在這虛擬的現實中，最容易被錯誤描述。它需要被變成你所經歷的事實，即使有個很具說服力的順勢療法案例，這還是未足夠的。即使你現在即將要看完的這本書很成功（還是你從後面看起），有些讀者如今可能相信順勢療法是說得過去的，順勢療法真實的力量，亦不會因為這樣而得到欣賞。能夠顯示順勢療法的真正痊癒力量，唯有是實際經驗。當順勢療法重複地對自己、朋友、家人或寵物有效，便會成為打從心裡就知曉的直接知識。這界乎可能與不可能之間的事情，就會變成事實。

有些治療手法是騙局，沒有真正效用，也有一些從業員是庸醫，不信任他們是沒錯的。儘管順勢療法和大多數順勢療法醫生，對你來說可能是比較陌生，但他們都不是以上所說的壞分子。順勢療法是真實的，而且隨時準備好給我們留下深刻印象。順勢療法正在等待，如果現實的環境對我們有利一點，它可以為我們帶來痊癒——同時亦展示一些被認為神奇、不科學、荒謬或異端的事情，會有可能是真的。

附錄：案例

　　這本書的案例研究，全都取自我的檔案（除了個案八有關馬的個案），並取得相關人士的同意。我選擇的當然是成功案例，同時亦展示了我想指出順勢療法的幾個要點。可能給人的印象是——順勢療法是神奇的，有時的確如此；不過，事實上有數百個顯示順勢療法有效，但並不起眼的例子，我沒有在書中列出；我亦沒有舉出數百個順勢療法完全無效的個案。

　　一般來說，經常反對個案研究和順勢療法的說法是：當某人用了順勢療法而有所改善時，沒有證據證明那是因為順勢療法，可能只是剛巧變好。

　　以下有幾項理據可反駁這項異議：

　　1. 在某些個案當中，尤其是在嚴重的情況下，服用了順勢療法療劑後幾分鐘，或甚至幾秒鐘之後就有好轉，如果硬要說這與順勢療法無關，確實是不合理的。

　　2. 療劑的效應是有邏輯的，並且遵循順勢療法的定律。例如：嚴重的情況會首先轉好，輕微的問題在同一時間可能會惡化。順勢療法的門外漢對這情況幾乎是不知情的，病人亦通常不知道，這表明了順勢療法跟這個過程有關。

3. 當然有少數人在順勢療法治療期間，即使沒有因為順勢療法，亦會越來越好。這情況可見於任何療法，然而，順勢療法的改善就統計學來說，實在發生得太多了，這些「巧合」出現的頻率程度，絕對不可能是巧合。

順勢療法的成功不被認同，只因為我們認為「它不可能有效」。

經過多年痛苦和嘗試過其他醫療之後，人們尋求順勢療法的協助，他們的問題忽然轉好，於是把這兩個情況結下因果聯繫。然後，他們推薦自己的家人和朋友去看順勢療法，同樣的事又再發生（在大多數的情況下），他們的經驗便得到肯定。明智的人得出的結論是──順勢療法是有效的，儘管一些科學家和記者不認同。那種「反正不處理也會轉好」的反對聲音，通常來自沒有順勢療法經驗的人，不懂欣賞人們在看過順勢療法後，常常會變得更好，也不知道浴室櫃裡的小瓶子，在日常生活中如何常常派上用場。那些有過順勢療法經驗並受惠其中的病人，常常感到他們的智慧被如此不切實際的反對意見羞辱，他們會回答說：「他們相信自己的經驗」，也就是說，是使用順勢療法的經驗，改變了人們的思想。

作者附註

第一章

*1　J Kleijnen, P Knìpschild and G ter Riet, 'Clinical Trialsof Homeopathy', BMJ, Vol. 30, 9 February 1991, p 316-323

*2　Dylan Evans, Placebo, Harper Collins, London, 2004. P.148

*3　Ben Goldacre, Bad Science, Fourth Estate, London, 2008, p.53

*4　Dylan Evans, Placebo, HarperCollins, London, 2004, p.152

*5　P Fisher, A Greenwood, EC Huskisson et al, 'Effect of Homeopathic Treatment on Fibrositis (Primary Fibromyalgia)', British Medical Journal, 1989, vol. 299, p. 365-366

第二章

*6　Joao Magueijo, Faster Than The Speed of Light, Arrow Book, London. 2003

*7　Kathryn Schultz, Being Wrong: Adventures In The Margin of Error, Portobello, 2010

*8　Fritjof Capra, The Web of Life, Flamingo, London, 1997, p.11

*9　US Food and Drug Administration, 2004

*10　Compass, 2008

*11　Author's note, p.568

*12　W E Boyd, 'The Action of Microdoses of Mercuric Chloride on Diastase', British Homeopathic Journal, 31, (1941), p.1-28; and 32(1942), p.106-111

*13　1 May 2008

第三章

*14　普利茅斯大學（University of Plymouth）健康心理學教授米高‧E‧海蘭德（Michael E Hyland）

*15　Guardian, 16 November 2007

*16　Dylan Evans, Placebo, HarperCollins, London. 2004, p.153

*17　Ben Coldacre, Bad Science, Fourth Estate, London 2009, p 62

*18　Doctor's Diary, 5 July 2010

*19　Michael Baum and Edzard Ernst, 'Should We Maintain An Open Mind About Homeopathy?', American Journal of Medicine

*20　Lewis Thomas, The Lives of a Cell, Futura Publications, London, 1976, p.140

*21　Ben Goldacre, Bad Science, Fourth Estate. London 2009, p. 62

*22　Dylan Evans, Placebo, HarperCollins, London, 2004, p.152

*23　Michael Brooks, Thirteen Things That Don't Make Sense, Profile Books, London, 2010, p.193

*24　Michael Brooks, Thirteen Things That Don't Make Sense, Profile Books, London, 2010, p.193

*25　順勢療法研究院（Homeopathy Research Institute）網站

*26　Simon Singh and Edzard Ernst, *Trick Or Treatment*, Bantam Press, London, p.139

第四章

*27　Toby Murcott, *The Whole Story*: Alternative Medicine On Trial?, Macmillan, 2005

*28　Toby Murcott, *The Whole Story*: Alternative Medicine On Trial?, Macmillan, 2005, p. 11

*29　*The Lancet*, 1994, 344, p.1601-1606

*30　'Is Evidence For Homeopathy Reproducible?', *The Lancet*, 1994, Vol. 344, p.1601-1606

*31　*Radio Times*, 2-8 July 1994

*32　Phatak's Materia Medica

*33　Michael Baum and Edzard Ernst, 'Should We Maintain An Open Mind About Homeopathy?', *American Journal of Medicine*

*34　*New Scientist*, 26 May 2001, p.48

*35　伊恩 · 查爾默斯（Iain Chalmers），考科藍中心總監，負責監察醫學研究，*Independent*, Friday 29 May 1998

第五章

*36　Arthur M Buswell and Worth H Rodebush, 'Water', *Scientific American*, 1956, Vol. 194, p.77

*37　Arthur M Buswell and Worth H Rodebush, 'Water', *Scientific American*, 1956, Vol. 194, p.89

*38　Philip Ball, *H$_2$O: A Biography of Water*, Phoenix, London, 2000

*39　Paolo Bellavite and Andrea Signorini, *Homeopathy: A Frontier In Medical Science*, North Atlantic Books, Berkeley, California, 1995, P.5

*40　Frank Close, *Lucifer's Legacy*, Oxford University Press, 2000, p.176

*41　Julian Caldecott, *Water: Life In Every Drop*, Virgin Books, London, 2007, p. 16

*42　J C Dore, 'Neutron Diffraction Studies of Water Structure', *Water Science Review*, Volume I, edited by Felix Franks, Cambridge University Press, 1985, p.79

*43　Paolo Bellavite and Andrea Signorini, *Homeopathy: A Frontier In Medical Science*, North Atlantic Books, Berkeley, California, 1995, P.267

*44　Felix Franks, Preface, *Water Science Review*, Volume I, Cambridge University Press, 1985

*45　Rustum Roy, M Richard Hoover, William Tiller and Iris Bell, *Materials Science*, Innovation, 2005

*46　Robert Mathews, 'The Quantum Elixir', *New Scientist*, Vol. 190, No. 2546, 8 April, 2006, p.37

*47　Robert Mathews, 'The Quantum Elixir', *New Scientist*, Vol. 190, No. 2546, 8 April, 2006, p.37

*48　Julian Caldecott, *Water: Life In Every Drop*, Virgin Books, London, 2007, p.11

*49　Robert Mathews, 'The Quantum Elixir', *New Scientist*, Vol. 190, No. 2546, 8 April, 2006, p.34

*50　Francesco Sciortino, Alfrons Geiger and H Eugene Stanley, 'Effects of Defects on Molecular Mobility In Water', *Nature* (London) 1991, No. 354, p. 218-21

*51　Julian Caldecott, *Water: Life In Every Drop*, Virgin Books, London, 2007, p.17

*52　Philip Ball, *H₂O: A Biography of Water*, Phoenix, London, 2000

*53　Philip Ball, *H₂O: A Biography of Water*, Phoenix, London, 2000, p.238

*54　S Y Lo, talk to the National Center for Homeopathy San Diego, California, 1998

*55　Philip Ball, *H₂O: A Biography of Water*, Phoenix, London, 2000, p.241

*56　Franks and Desnoyers, 'Alcohol-Water Mixtures', *Water Science Review*, Volume I, Cambridge University Press, 1985

*57　S Y Lo, *Modern Physics Letters*, 1996, B19, p.909-919

*58　Dr. Paul Callinan, *Journal of Complementary Medicine*, July, 1985

*59　L Rey, 'Thermoluminescence of Ultra-High Dilutions', *Physica*, 2003, Vol. 323, p.67-74

*60　Montagnier et. al, 'Interdisciplinary Sciences', *Computational Life Sciences*, 2009, Vol. 1, p.81-90

*61　Philip Ball, *H₂O: A Biography of Water*, Phoenix, London, 2000, p.238

*62　Simon Singh and Edzard Ernst, *Trick Or Treatment*, Bantam Press, London, 2008, p.100

*63　Albert Einstein and Leopold Infeld, *The Evolution of Physics*, Cambridge University Press, 1971, p.197

*64　Robert Mathews, 'The Quantum Elixir', *New Scientist*, Vol. 190, No. 2546, 8 April, 2006, p.37

*65　Robert Mathews, 'The Quantum Elixir', *New Scientist*, Vol. 190, No. 2546, 8 April, 2006, p.34

*66　E W Lang and H-D Ludemann, 'Anomalies of Liquid Water', *Angewandie Chemie* (International English Edition) 1982, Vol. 21, p.315-329

*67　John Gribbin, *The Universe: A Biography*, Penguin Books, London, 2008, p.178

*68　Julian Caldecott, *Water: Life In Every Drop*, Virgin Books, London, 2007, p.16

*69　Simon Singh and Edzard Ernst, *Trick or Treatment*, Bantam Press, London, 2008, p.121-122

*70　瑪德琳・恩尼斯（Madeleine Ennis），貝爾法斯特女王大學免疫藥理學教授，*New Scientist*, 26 May 2001, p. 48

第六章

*71　Ben Goldacre, *Bad Science*, Fourth Estate, London 2009, p.30.

*72　Ben Goldacre, *Bad Science*, Fourth Estate, London 2009, p.29.

*73　Dr. P A Nelson and Dr. S J Elliot, *Active Control of Sound*, Academic Press.

*74　Paolo Bellavite and Andrea Signorini, *Pathology, Complex Systems and Resonance in Fundamental Research in Ultra High Dilution and Homeopathy*, Kluwer Academic, 1998, p.111-112.

第七章

*75 M M・禾作（M Mitchell Waldrop），複雜性－混亂邊緣出現的新科學（*Complexity – The Emerging Science at the Edge of Chaos*），觸石出版，紐約，1992 年，英文版 292 頁

*76 Peter Coveney and Roger Highfield, *Frontiers of Complexity*, Faber and Faber, London, 1995, p.279

*77 John D Barrow, *The Constants of Nature*, Jonathan Cape, London, 2002, p.116

*78 安東尼奧・達馬士奧（Antonio Damasio），笛卡兒的錯誤（*Descartes' Error,*），彼卡多，倫敦，1995 年

*79 Franklin M Harold, *The Way Of The Cell: Molecules*, Organisms and the Order of Life, Oxford University Press, 2001, p.120

*80 見：G Nicolis and I Prigogine, *Exploring Complexity; An Introduction*, W H Freeman & Co, San Francisco, 1987

*81 Paul Davies, *The Fifth Miracle*, Allen Lane, 1998, p.68-69

*82 Paul Davies, *The Fifth Miracle*, Allen Lane, 1998, p.84

*83 Robert O Becker and Gary Selden, *The Body Electric: Electromagnetism and the Foundations of Life*, William Marrow, New York, 1985, p.155-156

*84 Rupert Sheldrake, *The Presence of The Past*, HarperCollins, 1994, p.76

*85 Rober O Becker and Gary Selden, The Body Electric: Electromagnetism and the Foundations of Life, William Morrow, New York, 1985

*86 Fritjof Capra, *The Web of Life*, Flamingo, London, 1997, p.56

第八章

*87 Fritjof Capra, *The Web of Life, Flamingo*, London, 1997,

*88 Norbert Weiner, *The Human Use of Human Beings*, Houghton Mifflin, New York, 1950, p.96

*89 Paolo Bellavite and Andrea Signotini, 'Pathology, Complex Systems, and Resonance', *Fundamental Research in Ultra High Dilution and Homeopathy*, Kluwer Academic, 1998, p.105

*90 Antonio Damasio, *The Feeling of What Happens*, Heinemann, London, 1995, p.145

*91 Fritjof Capra, *The Web of Life, Flamingo*, London, 1997, p.197

*92 Peter Coveney and Roger Highfield, *Frontiers of Complexity*, Faber and Faber, London, 1995, p.329

*93 Peter Coveney and Roger Highfield, *Frontiers of Complexity*, Faber and Faber, London, 1995, p.330

*94 Paolo Bellavite and Andrea Signorini, *Homeopathy: A Frontier In Medical Science*, North Atlantic Books, Berkeley, California, 1995, P.176-176

第九章

*95　Rupert Sheldrake. *The Presence of The Past*, HarperCollins, 1994, p.54

*96　Brian Goodwin, *How The Leopard Changed Its Spots: The Evolution of Complexity*, Wiedenfeld and Nicholson. London. 1994

*97　Brian Goodwin, *How The Leopard Changed Its Spots: The Evolution of Complexity*, Wiedenfeld and Nicholson. London. 1994

*98　Franklin M Harold, *The Way of The Cell: Molecules, Organisms and the Order of Life*, Oxford University Press,2001, p. 118

*99　Brian Goodwin, *How The Leopard Changed Its Spots: The Evolution of Complexity*, Wiedenfeld and Nicholson. London. 1994, p. xii

*100 Robert Winston and Lori Oliwenstein, *Superhuman*, BBC, 2000, p. 27

*101 Sherwin B Nuland, *The Wisdom of The Body*, Chatto and Windus, London, 1997, p 278

*102 Robert Winston and Lori Oliwenstein, *Superhuman*, BBC, 2000, p.13

第十章

*103 Deepak Chopra, Quantum Healing, Bantam, 1989, p.45

*104 Dylan Evans, Placebo, HarperCollins, London, 2004, p.128-130

第十一章

*105 Dr. H Boyd, *Introduction to Homoeopathy Medicine*, p.7

*106 Lewis Thomas, *The Wonderful Mistake*, Oxford University Press, 1988, p.119

*107 Lewis Thomas, *The Medusa and the Snail*, Allen Lane, London, p.94

*108 Mark Buchanan, *Ubiquity*, Weidenfeld and Nicholson, London, 2000, p.10

*109 Mark Buchanan, *Ubiquity*, Weidenfeld and Nicholson, London, 2000, p.95

*110 Per Bak and Kan Chen, *'Self-Organised Criticality'*, Scientific American (US edition), January 1991

*111 Per Bak and Kan Chen, *'Self-Organised Criticality'*, Scientific American (US edition), January 1991

*112 M Mitchell Waldrop, *Complexity*. Viking, London, 1993, p.12

第十二章

*113 Thorwald Dethlesen, *The Challenge of Fate*, p.117

*114 Paolo Bellavite and Andrea Signorini, *Homeopathy: A Frontier In Medical Science*, North Atlantic Books, Berkeley, California, 1995, p.188

第十三章

*115 Karl Popper, *The Logic of Scientific Discovery*

第十四章

*116 Deepak Chopra, *Quantum Healing*, Bantam, 1989, p.45

*117 Dr. Richard Halvorsen, *The Truth About Vaccines*, Gibson Square, London, 2007, p.309-310

*118 *Guardian*, Bad Science, 17 July 2010

*119 'The Lancet Infectious Diseases', *Guardian*, 11 August 2010

第十五章

*120 馬塞洛‧格萊澤（Marcelo Gleiser），美國新罕布夏州（New Hampshire）達特茅斯學院（Dartmouth College）物理學教授，*New Scienist*, 8 May 2010, p.29

*121 馬塞洛‧格萊澤（Marcelo Gleiser），美國新罕布夏州（New Hampshire）達特茅斯學院（Dartmouth College）物理學教授，*New Scienist*, 8 May 2010, p.29

*122 伊恩‧薩普（Ian Sample），'The Hunt For The God Particle'，*Guardian*，Monday 21 June 2010，引用歐洲核子研究中心（CERN）首席理論家詹姆斯‧威爾斯（James Wells）的話

*123 Satish Kumar, *Resurgence magazine*. July/August 2005, p.3

*124 Ben Goldacre, *Bad Science*, Fourth Estate, London, 2009, P.252

杜家麟教授的資歷
Prof. TO KA LUN Aaron
PDHom., MARH., RSHom (Oversea)

香港順勢療法醫學會——會長

澳門順勢療法醫學會——會長

英國順勢療法醫學院（School of Homeopathy）——順勢療法醫學教授

英國健康學院（School of Health）——醫學科學教授

英國順勢療法醫學會（Society of Homeopathy）——註冊順勢療法醫生

英國註冊順勢療法醫生聯盟（Alliance of Registered Homeopaths）——
註冊順勢療法醫生

英國營養治療師學會（Federation of Nutritional Therapy Practitioners）
——註冊營養治療師

美國國家順勢療法中心（National Centre for Homeopathy）——永久會員

印度政府順勢療法研究中央委員會（Central Council for Research in
Homeopathy）官方醫學期刊《順勢療法研究期刊》（*Indian Journal of
Research in Homeopathy*）——副編輯

廣東省運動科學研究所專家庫——推薦學者

卓越順勢療法有限公司（Living Homeopathy Limited）——總裁

Zeus-soft 順勢療法軟件有限公司——總裁

杜家麟教授為國際知名順勢療法醫生，2017 年 7 月，英國皇儲查理斯王子邀請全球最具影響力的順勢療法教育專家會面，杜家麟教授是唯一獲邀請的華人。

杜家麟教授畢業於英國歷史最悠久的順勢療法學院——英國順勢療法醫學院，其學生遍及全球 60 多個國家。而杜家麟教授是英國順勢療法醫學會創會成員及編輯米莎‧諾倫（Misha Norland）的得意門生，亦是英國順勢療法醫學會及英國註冊順勢療法醫生聯盟之註冊順勢療法醫生。

他自 1994 年開始於香港設立自己的順勢療法中心——Living 卓越順勢療法，至今超過 20 年，登記會員已超過 22 萬，即每 35 個香港人就有一個曾到他的順勢療法中心求診。

他於 2008 年受母校委任為唯一的華語順勢療法醫學教授，同時兼任四項順勢療法前期醫學科學教授，分別是整全營養學、生理解剖學及病理學。杜家麟教授在大中華地區積極培訓順勢療法專業人才，如國際傾向一樣，愈來愈多中、西醫及護理系人員以順勢療法為持續教育，彌補主流醫學非全人治療之不足。

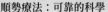

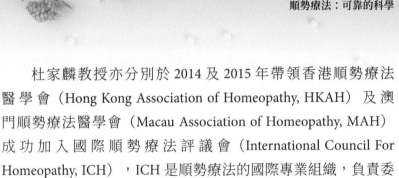

　　杜家麟教授亦分別於 2014 及 2015 年帶領香港順勢療法醫學會（Hong Kong Association of Homeopathy, HKAH）及澳門順勢療法醫學會（Macau Association of Homeopathy, MAH）成功加入國際順勢療法評議會（International Council For Homeopathy, ICH），ICH 是順勢療法的國際專業組織，負責委派代表出席世界衛生組織（World Health Organization）之會議，代表世界各地順勢療法醫生發言，成員包括：歐洲（24 個國家）、澳洲、新西蘭、加拿大、美國、肯亞、日本，ICH 要求全世界順勢療法醫生應達至最高標準，HKAH 及 MAH 不論於執業、教育及監管水準都已成功跟國際接軌。

　　杜家麟教授於 2013、2015 及 2018 年分別舉行三次國際大型順勢療法會議，與會人士來自香港、中國內地、台灣、澳門、馬來西亞、泰國、英國、法國、美國及以色列等地區，人數每年多達 3,000 人，享譽國際。

　　杜家麟教授帶領他的專業團隊於 2012 至 2016 年間進行順勢療法處理糖尿病的隊列研究，與香港中文大學學者合作，已於 2017 年通過同行評審及出版。在此研究於同行評審的文獻中出版後，香港順勢療法醫學會會長杜家麟教授於 2017 至 2018 年間獲四大順勢療法國際研討會邀請出席發表，分別是順勢療法研究院的 2017 馬爾他研討會；國際順勢療法醫學聯盟（Liga Medicorum Homoeopathica Internationalis）的 2017 德國萊比錫大會；於鳳凰城舉辦的 2018 年美國順勢療法聯合研討會（Journal of Advanced Health Care 2018）；以及英國順勢療法專科學院（Faculty of Homeopathy）2018 年的利物浦研討會。多個會議覆蓋來自超過 80 個國家的順勢療法醫生。

　　此外，杜家麟教授亦活躍於順勢療法科研項目，卓越順勢療法有限公司是順勢療法研究院唯一的中文官方翻譯機構，以保證專業課題之翻譯精準度。

　　杜家麟教授同時為順勢療法電腦程式——RadarOpus 的中文程式研發者，讓中國人也可以享用順勢療法 200 多年來的臨床資料及更新中的科研數據，RadarOpus 為現時全球最大規模的順勢療法電腦程式公司。

　　由於杜家麟教授在大中華地區的卓越貢獻，獲印度政府順勢療法研究中央委員會邀請代表香港出席 2017 年 2 月於印度德里舉行的國際醫藥論壇，更獲委任為官方醫學期刊《印度順勢療法研究期刊》的副編輯。2017 年杜家麟教授亦已開始跟順勢療法研究院系統綜述團隊合作，進行為期三年的一系列系統綜述（Systematic review），將會陸續經同行評審及出版。現今，國際順勢療法醫學聯盟的中國及中華台北代表均由杜家麟教授委派出任。

香港順勢療法醫學會簡介
Hong Kong Association of Homeopathy
http://www.homeopathyhongkong.org/

　　香港順勢療法醫學會成立於 2005 年，為香港特別行政區政府立案成立之非牟利專業團體，之後於 2014 年加入 ICH。

推廣正統順勢療法的理念

　　香港順勢療法醫學會的工作是透過推廣古典順勢療法而提高社會普遍的健康意識。香港順勢療法醫學會公開為市民提供順勢療法的基本教育，與政府機構及傳媒接觸和緊密合作，務求讓順勢療法於香港及大中華地區被更廣泛認識及使用。

　　本會的網頁、每月歡迎所有會員參加的順勢療法講座、接受傳媒的訪問、主講電台節目、與政府及本地企業接觸及提供教育等等，都使更多從未認識順勢療法的人可以得到最新、最準確及最適用的順勢療法資訊。

普及符合國際標準的順勢療法教育及專業訓練

很多不同背景的人都希望接受專業訓練，最終能夠成為合資格的順勢療法醫生。

他們可能是受到自己的順勢療法醫生之專業及視野所吸引，渴望成為順勢療法的一份子；可能是曾被順勢療法改變了一生；可能是認識了一個因順勢療法而徹底改變的人；可能只是曾於自己兒女身上用了急救的療劑，而被其令人驚訝的效果吸引；也可能是另一個行業的專業人士，渴望於事業上有改變或新的突破。

無論是甚麼原因或背景，研習順勢療法的經歷都是令人興奮且獲益良多的，對個人的成長及專業的發展都是難得的經驗。

香港順勢療法醫學會認為高質素的順勢療法教育十分重要，我們樂意協助世界各地順勢療法的醫學院設立中文課程，為中國人提供本地化的順勢療法教育及臨床訓練。如果你正在考慮事業上的轉變，或一個深入的順勢療法專業教育，你必須認真參考一些符合國際標準的順勢療法課程。

訂定專業操守，維持順勢療法專業的信譽及道德保證

香港順勢療法醫學會著重順勢療法執業的信譽。香港順勢療法醫學會要求所有註冊及學生會員嚴格遵守本醫學會的順勢療法專業守則。訂定專業守則的目標是保障公眾，亦同時為所有行內專業人士提供清晰的執業指引。專業守則是醫學會註冊及學生會員的指引及協助，亦可保障市民的權利。

澳門順勢療法醫學會簡介
Macau Association of Homeopathy

http://www.homeopathymacau.org/

　　澳門順勢療法醫學會為澳門特別行政區政府立案成立之非牟利專業團體。自 2005 年成立，2015 年成功加入國際順勢療法評議會，本醫學會的宗旨是：普及順勢療法（Homeopathy for all）。

　　澳門順勢療法醫學會一直致力在中華地區推廣正統順勢療法的理念、普及教育和專業操守，主張建立完善的順勢療法註冊和監管制度，支持把順勢療法全面本地化，正式把順勢療法帶至澳門。

　　澳門順勢療法醫學會要求所有註冊及學生會員嚴格遵守本醫學會的專業守則，肩負起推廣正統順勢療法的社會責任，目標是確保澳門順勢療法的整體質素，提升順勢療法的社會知名度和形象，使順勢療法得以在澳門全面普及。

順勢療法：可靠的科學

新科學如何確認順勢療法

作者： 彼得‧亞當斯（Peter Adams）

譯者： 香港順勢療法醫學會

編輯： 青森文化編輯組

設計： 4res

出版： 紅出版（青森文化）
地址：香港灣仔道133號卓凌中心11樓
出版計劃查詢電話：(852) 2540 7517
電郵：editor@red-publish.com
網址：http://www.red-publish.com

香港總經銷： 聯合新零售（香港）有限公司

台灣總經銷： 貿騰發賣股份有限公司
地址：新北市中和區立德街136號6樓
電話：(886) 2-8227-5988
網址：http://www.namode.com

出版日期： 2021年7月

圖書分類： 醫療保健

ISBN： 978-988-8743-39-1

定價： 港幣130元正／新台幣520圓正